"十四五"职业教育国家规划教材

中等职业教育计算机专业系列教材

BANGONG
RUANJIAN YINGYONG

办公软件应用

第三版

■ 主　编　刘国纪

■ 副主编　吕　军　肖海萍

U0240421

ZHONGDENG ZHIYE JIAOYU
JISUANJI ZHUANYE XILIE JIAOCAI

重庆大学出版社

内容简介

　　本书是中等职业学校计算机专业系列教材之一，全书由4个模块构成，除模块一外，其余模块均以案例方式进行编写。本书用简明通俗的语言和具体的案例详细介绍了WPS 2021办公软件在文秘、财务、管理、商业等各个领域的应用。通过对本书的学习，学生能应用办公软件制作日常工作中的电子文档、电子表格、演示文稿等。同时，在学习过程中，能培养学生分析问题和解决问题的能力。

　　为了方便教学，本书配有电子教案、习题答案、教材案例以及自我测试中实作题的素材。

图书在版编目（CIP）数据

办公软件应用/ 刘国纪主编.－－3版.－－重庆：
重庆大学出版社，2022.8（2023.7重印）
中等职业教育计算机专业系列教材
ISBN 978-7-5689-0746-0

Ⅰ.①办…　Ⅱ.①刘…　Ⅲ.①办公自动化—应用软件
—中等专业学校—教材　Ⅳ.① TP317.1

中国版本图书馆CIP数据核字（2022）第017221号

中等职业教育计算机专业系列教材
办公软件应用（第三版）

主　编　刘国纪
副主编　吕　军　肖海萍
责任编辑：陈一柳　　版式设计：陈一柳
责任校对：邹　忌　　责任印制：赵　晟
*
重庆大学出版社出版发行
出版人：饶帮华
社址：重庆市沙坪坝区大学城西路21号
邮编：401331
电话：（023）88617190　88617185（中小学）
传真：（023）88617186　88617166
网址：http://www.cqup.com.cn
邮箱：fxk@cqup.com.cn（营销中心）
全国新华书店经销
重庆亘鑫印务有限公司印刷
*
开本：787mm×1092mm　1/16　印张：12.25　字数：261千
2008年8月第1版　2022年8月第3版　2023年7月第15次印刷
印数：45 001—50 000
ISBN 978-7-5689-0746-0　定价：39.00元

本书如有印刷、装订等质量问题，本社负责调换

21 世纪，办公自动化技术已融入人们的学习、工作和生活中，并以前所未有的发展速度渗透到社会生活的各个领域。

本书以岗位职业能力为指导，以行业需求为导向，以工作任务为载体，强调理论与实践相结合，遵循学生的认知规律，通过深入浅出的讲解，力求使教材具有趣味性和启发性。

本书中，作者精心设计案例，力求突出其代表性、典型性和实用性，既能贯穿相应的知识体系，又能与工作中的实际应用紧密联系，使学生的学习不再是单纯地学习理论知识，而是将知识与技能有机地融合在一起，让学生掌握其在实际工作中的具体应用。本书案例的选择充分融入课程思政元素，弘扬劳动精神，培养学生遵守信息技术行业法律法规，具有国家信息安全保护意识、知识产权保护意识、良好的社会责任感和职业道德，增强学生的民族自信和文化自信。

本书采取了新的教材编写思路，即分为任务概述、制作向导、制作步骤、知识窗、自我测试等版块。"任务概述"从实际工作出发提出任务案例，展示案例效果，激发学生的学习兴趣和求知欲；"制作向导"展开任务分析，引导学生分析和讨论本任务的要求和特点，找到完成任务的方法；"制作步骤"给出了完成任务的一种正确而简便的方法，以便指导学生熟练掌握操作要领；"知识窗"是对与本案例相关的知识技能进行必要的拓展和补充，使学生的知识更完备；"自我测试"给出相关的理论练习题和实作题，使学生能对自己的学习情况进行检测。值得说明的是，"自我测试"中的部分题目需要在教师指导下通过上机操作才能很好地完成，也可通过互联网找到解决办法。这部分内容也是对相关知识与技能的一个补充。

为了在教学中能实时地进行练习，在"制作步骤"中，除了给出了简便的操作方法外，还穿插了"友情提示""做一做"等小模块，体现学习者的主体地位，教师在教学中的主导作用。

QIANYAN

前言

为了方便教学，本教材还配有电子教案、习题答案，以及教材案例、自我测试中实作题的素材，教师和学生可登录重庆大学出版社的资源网站进行下载。

全书共分四个模块：模块一是录入技术，模块二是制作电子文档，模块三是制作电子表格，模块四是制作演示文稿，每个模块由若干个任务构成。

本书由刘国纪担任主编。模块一由吕军编写，模块二和模块三由刘国纪、鲍鹏、王黎编写，模块四由肖海萍编写。

由于作者水平有限,书中难免有错漏、不妥之处，敬请读者批评指正。

编者

2021年11月

MULU
目录

模块一 / 录入技术

科技飞速发展将人类带入了信息时代。从计算机诞生至今，键盘一直是人们与计算机进行交流的主要工具。通过键盘输入可以进行计算、程序控制、文字输入、图像制作等操作。熟悉键盘输入是每个计算机初学者的必经之路。

现阶段文字输入主要有键盘输入和非键盘输入两类，前者是以键盘为工具完成输入，后者主要是通过扫描、手写设备、语音等方式完成输入。键盘输入仍是主流，它广泛应用于办公、出版、证券、银行、税务等行业中。本模块将在认识键盘的基础上学习使用键盘输入文字。

通过本模块的学习，应达到的目标如下：

• 知道键盘输入中手指的分工

• 会选择和切换输入法

• 能正确地输入英文

• 能够使用拼音输入法输入汉字

• 能够使用五笔字型输入法输入汉字

[任务一]

输入英文

任务概述

　　键盘是计算机中最基本的输入设备，其主要功能是把文字信息和控制命令输入计算机，文字信息的输入是键盘最重要的工作。

　　常见的键盘有101键盘、104键盘及107键盘。104键盘和107键盘分别如图1-1和图1-2所示。本任务在认识键盘键位分布规律的基础上，掌握正确的键盘操作方法，从而达到快速输入英文的目的。

图1-1　104键盘

图1-2　107键盘

一、认识键盘布局

1.键盘分区

　　计算机的键盘发展到现在，不同种类的键盘键位分布基本一致，整个键面大致可分为4个区域，如图1-3所示。

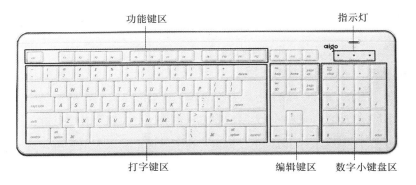

图 1-3　104 键盘分区

●打字键区　打字键区也称主键盘区或字符键区，具有标准英文打字机键盘的样式。主键区共由26个字母键、10个数字键、标点符号键和控制键等构成。为了操作方便，又按位置分为上档键、中档键和下档键，其中使用频度高的字母为中档键。同一键上有两个符号的键被称为"双字符键"。主键区下方最长的键是空白键。

●功能键区　功能键区在键盘上方，包括"F1"—"F12"和"Esc"，有些键盘上还附有"PrintScreen""Scroll Lock""Pause/Break"键。"F1"—"F12"在不同的软件中定义为不同的功能。

●编辑键区　编辑键区位于主键盘区和小键盘区的中间，用于定位和编辑操作等。

●数字小键盘区　数字小键盘区在键盘右部，共17个键，包括数字键（0—9）、定位光标和其他控制键。其中"Num Lock"键为数字锁定键，用于切换方向键与数字键的功能，主要便于操作者单手输入纯数字数据。

键盘除了4个分区外，右上方还有3个指示灯："Caps Lock"字母指示灯、"Num Lock"数字指示灯和"Scroll Lock"翻页键指示灯。

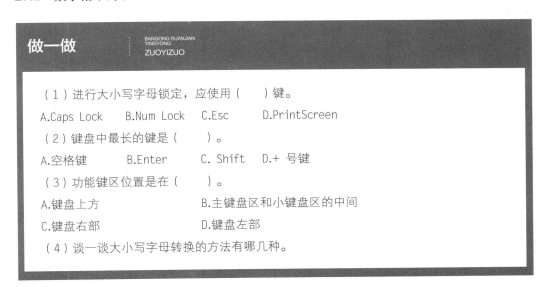

做一做　BANGONG RUANJIAN YINGYONG ZUOYIZUO

（1）进行大小写字母锁定，应使用（　　）键。

A.Caps Lock　　B.Num Lock　　C.Esc　　　D.PrintScreen

（2）键盘中最长的键是（　　）。

A.空格键　　　　B.Enter　　　C. Shift　　D.+ 号键

（3）功能键区位置是在（　　）。

A.键盘上方　　　　　　　　B.主键盘区和小键盘区的中间

C.键盘右部　　　　　　　　D.键盘左部

（4）谈一谈大小写字母转换的方法有哪几种。

2.常用键

●Tab　　跳格键，默认情况下光标向右移动8个字符位置。

●Shift　　换档键，主要用途有两个：

①同时按下"Shift"键和具有上下档字符的键，输入的是上档字符。

②用于大小写字母输入。当处于大写状态，同时按下"Shift"和字母键，输入小写字母；反之，当处于小写状态，同时按下"Shift"和字母键，输入大写字母，这样可以快速方便地完成少量字母输入时的大小写切换。

●Ctrl　　控制功能键，"Ctrl"必须与其他键同时组合使用，才能完成某些特定功能。

●Alt　　组合功能键，"Alt"也必须与其他键同时组合使用，才能完成某些特定功能。

●Space　　空格键，按下时能产生空格。特别是输入英文单词时要产生空格来分隔，所以它是键盘上使用频率最高的按键。

●Backspace　　退格键，删除光标所在位置左边的一个字符。

●Enter　　回车键，通常用来表示确认，如确认一段文字输入的结束或一项设置工作的完成。

●Print Screen　　屏幕复制键，在Windows中是把当前屏幕的显示内容作为一个图片复制到剪贴板上。

●Pause / Break　　暂停屏幕显示作用。

做一做　BANGONG RUANJIAN YINGYONG　ZUOYIZUO

（1）启动记事本程序，用键盘输入"*、%、#、！、@ "等符号。

（2）将当前屏幕画面粘贴到画图程序，保存为文件"图片.bmp"。

二、正确操作键盘

1.基本键位

键盘上的A，S，D，F，J，K，L和；被称为基本键位，如图1-4所示。基本键位用于盲打时，手指返回并校正双手食指手指在键盘上的中心位置。其中，F键和J键各有一个小小的凸起，操作者可通过触摸来确定基准键位。

2.手指分工

基本键位是打字及键盘的核心。在此基础上，对手指进行分工，如图1-5所示，对英文打字键区的字母键、数字键和符号键做了击键要求。例如，左手小指负责"1,Q,A,Z"及所有的左面控制键；右手的小指负责"0，P，；"及其右边所有的控制键。手指随时处于击键准备，当每次击键完成后，手指应立即返回到对应的基本键上。

F 键和 J 键有凸起的基准位

左手置于 A, S, D, F 键　　　　右手置于 J, K, L,; 键

图 1-4　击键准备时手指所处位置

做一做　BANGONG RUANJIAN YINGYONG ZUOYIZUO

（1）将双手轻放于基本键位上并进行按键操作，击打"A S D F G H J K L ;"，特别注意小指的击键方法。

（2）想一想：拇指在什么位置最利于击键？

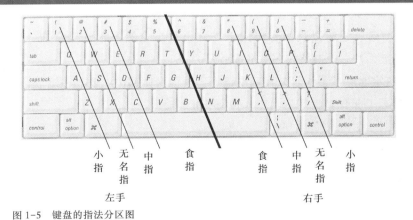

小指　无名指　中指　食指　　　食指　中指　无名指　小指

左手　　　　　　　　　　　　　右手

图 1-5　键盘的指法分区图

做一做　BANGONG RUANJIAN YINGYONG ZUOYIZUO

（1）将手指放在基准键上击打10个数字键（1，2，3，4，5，6，7，8，9，0）。

（2）练习输入："A，B，C，D，…X，Y，Z" 26 个字母。

（3）反复练习输入："The quick brown fox jumps over a lazy dog."

数字键区的基本键位是用右手的食指、中指和无名指分别放于4，5，6键位上，其中5有一个小的凸点，是定位键，如图1-6所示。

图 1-6　数字键位指法

图 1-7　正确操作姿势

3.标准打字姿势

在进行键盘练习时，坐姿很重要，是打字的基本功之一。

（1）平坐在椅子上，腰背挺直，身体微向前倾，双腿自然平放在地上，如图1-7所示。

（2）桌椅高度要适当，人体与计算机键盘的距离在两拳左右（15～30 cm）。

（3）手臂、肘、腕、两肩放松，肘与腰部距离5～10 cm。小臂与手腕略向上倾斜，但是手腕不要拱起，手腕与键盘下边框保持一定的距离（1 cm左右），不要放在键盘上，也没必要悬太高。

（4）手指：手掌以腕为轴略向上抬起，手指自然下垂，略弯曲，轻放在基本键(ASDFJKL;)上，左右手拇指放在空格键上方。

（5）打字时除了手指轻放在基本键上，其他身体部位不要靠在键盘边框或桌子上。正确的坐姿是为了保持良好的状态，有利于准确输入。

三、指法综合训练

操作步骤：

（1）启动记事本或其他编辑软件。

（2）选择英文输入方式。

（3）击一下Caps Lock键，输入方框中的标题文字"KEY FUNCTIONAL..."。

（4）击Enter键，输入下一行第一个大写字母S。

（5）按下Caps Lock切换到小写输入方式，输入"upported by zones that..."。

（6）用同样的方法输入后面的文字。

KEY FUNCTIONAL ZONES: CAPACITY UPGRADING

Supported by zones that are undertaking strategic functions, such as the main agricultural production zones, key ecosystem service zones, areas rich in energy resources, and border areas, we will safeguard the national food security, ecological security, energy security, and border security, and work together with areas with impetus for growth to build a power engine driving high-quality development. We will support main agricultural production zones to enhance their agricultural production capacity, eco-functional zones to lay their focus on protecting the ecological environment and providing ecological products, and the population in the eco-functional zones to relocate and settle in urbanized areas in a gradual and orderly manner. We will improve the energy development and transportation layout, strengthen the construction of bases for comprehensive development and utilization of energy resources, and improve domestic energy supply support. We will strengthen the development capacity of border areas, offer them more support in terms of population and economy, and promote national unity and border stability in these areas. We will improve the public resource allocation mechanism and provide effective transfer payments for key eco-functional zones, major agricultural production zones, and border areas.

——选自《学习强国》中国外文局

做一做 BANGONG RUANJIAN YINGYONG ZUOYIZUO

（1）基本键位的练习

训练要求：双手放在基本键位上，食指轻放在F，J的位置，并注意录入按键时的准确性。由慢到快，录入速度为每分钟150个字符以上。

①练习一

Fffff   sssss   aaaaa   hhhhh   jjjjj   kkkkk   ddddd   ;;;;;

kkkkk   lllll   ddddd   fffff   hhhhh   jjjjj   ddddd   aaaaa

lllll   sssss   kkkkk   ;;;;;   aaaaa   ddddd   jjjjj   fffff

sssss   aaaaa   ;;;;;   lllll   hhhhh   jjjjj   hhhhh   ddddd

aaaaa   ggggg   jjjjj   kkkkk   lllll   ;;;;;   ddddd   sssss

jjjjj   hhhhh   lllll   ;;;;;   aaaaa   lllll   ddddd   hhhhh

aaaaa   fffff   hhhhh   aaaaa   ;;;;;   jjjjj   fffff   ddddd

②练习二

asdfd   fdsss   asdfd   fsasd   gdfds   adsfd   fsasf   gdsad   gsas   fsasd

agdsa   fsads   jkl;   jjhjl   jjhlj   l;hhk   l;lkl   ;jhll   klhl   kljjk;

kl;hj   klhjl   klkll   hjkl;   hl;hj   lksas   fdsad   gsasj   hjlkl   kllh;

jkl;h   l;hjl   kdsss   asdfd   kljjk   ;kl;h   jklhj   askla   aalls   ddkk

sdfjl   ffd;k   lfda;   dsa;;   fdslg   fd;;k   lda;j   jkksd   jkkjf   fhdka

③练习三

klkk   lj;;lk   lfdfjd   fdsjljj   jkjfa   kjlkfa   jfdsa   ljkafkj   hhjl   jfdkl

fjjf   alsdff   jdlsfj   ifjfsdl   kfjfd   fdkljl   fdjss   jjflsa   jlds   jfdsa

fjkl   sla;lf   fjlkfj   dsldfla   lffjl   fdjdfs   ljfdfs   adfffd   saaf   adjfd

dffj   slfajdk   lfasfd   jfjdsal   kjklj   fidjfd   jfdfjf   jlsala   lsfd   slaad

（2）上、中、下档键练习

训练要求：双手放在基本键位上，注意录入时按键能准确地返回中档键的基本键位。录入速度为每分钟120个字符以上。

①上档键练习

rewrew   rturtr   trior   iopipo   yuyui   eewe   uiou   ipipo   oyuiyio   rtewro

rtewru   rueuqw   irure   wqwqrt   triur   uewu   uoiu   ppoiu   iiouiou   puioui

yuiyui   rtyrty   uyiuo   iouuop   ouioi   rytu   yety   utyut   uytuytu   tytyui

yuopop   qweoip   rueit   ereqop   riero   pier   oreq   ewere   qwuiotu   ioprw

urriio   piopre   wiopq   wrerqe   wpoir   qeiu   erwq   oiuqw   riuoqwr   qeioui

②中档键练习

fdsa   fjkdj   fdsa   fds   akj   klhjk   dshfkj   fdsa   hjhas   jkl   dsjklk

fdjf   jkhgj   jkhj   hjk   fgd   jkfds   adasgh   jkja   sajkd   faj   hkdsaf

ghal   skdsd   kska   sfh   fdk   sjhfd   sffdkf   dfhj   kfdsk   fdg   gfdfsa

djff   jshsk   hddj   ksg   slk   fdfjk   ksdj;f   llsl   kjals   kdj   l;lfdll

fjdk   llkjd   fhkl;   fdh   klf   jghkl   lfdjl;   a;ks   ;lldf   jl;   sfdlax

③下档键练习

vcmvc   vcxm   clzx   zxvc   vmn   cvnm   xcvmn   mnvc   bcxzx   vcnm   cvxm   cvm   nzbmx   zxv

vcmzv   xcvn   mbbb   cxcx   vnx   cbcx   nbvxv   nbvc   xncxb   vzvc   mbzv   cmc   vmxc   xcz

vcxcm   vcnx   zcvm   zcxz   mcz   cbvx   mcznc   xbzm   ncvcn   xxzn   czcn   bxz   cbnv   vcx

cvnmn   bmnm   cvmn   nmn   cxc   vnmb   cnbvc   vvcn   mvccv   nmzc   vnvn   cmx   cxnc   vvc

bncmc   xzxn   cnmnb   cxzn   zcx   znmx   zncxn   mcnv   nvcbc   xvnc   vncm   nvm   zcnx   zcz

（3）字母综合、数字键和标点符号练习

训练要求：双手放在基本键位上，注意其他键与Shift键的互相配合，并能准确地返回中档键。录入速度为每分钟100个字符以上。

①练习一

fjdsk   jkfd   jskl   fdskj   iwru   fud   fuidfj   werjkj   fjdskf   dsyu   ujkj

ernme   rbnh   fdiu   fdfkl   mtrj   krt   jkreio   ptruio   ythjhf   jkls   dyue

weyiu   here   esrt   tsjgf   kljl   oui   onmuif   duuiog   fduiuf   duio   fuio fguio gfsu iofd kjoig fdje rwi uriuri oriowq erudui ofgj kdsl

jffjk uiou cvjn hfdfd shhf dju iyyure hjifdj iidfio undf jdsf

②练习二

13243 54878 5645 66565 8905497 575490 980743 547890 547902 7983223

79743 57793 7892 89890 4514213 789754 988720 954757 538133 4890234

78905 43123 4567 89056 9898546 326515 478875 443982 566886 7834766

;; ,.' [] -=\ \-= ,./ ; '[] = \``` ==--` /./.// ,,./,, \=-=-.,,

③练习三

##%&^   &^*())%%^   &^*&^*   &@$#!   #@!*()

%$%^~@   ^*&|+_   )(*()&%^   &%$@!   #@~%^&^&*

$%%%@@#   ~! @~   !@#@!$ %^@# %^   &* *(()

*()&^   %^!@ $#$$%>": <>??   :" {}

|_+)   _ %<>   ??? :   "[] }   { |+

}(_) *%$ %^$#$#   !@#$%   ^&*( )   +_)(*&

~%$#   #^&*()#

（4）英文文章的练习

训练要求：双手放在基本键位上，注意只看书稿文字，用双手盲打输入文稿。录入速度为每分钟100个字符以上。

Connect and share anywhere

You'll get software for your desktop—like Windows Live Mail, Windows Live Photo Gallery, and Windows Live Writer. And you'll get services you can tap into from anywhere you're online—Windows Live Spaces, Windows Live Hotmail, Windows Live Messenger, and Windows Live Family Safety. The beauty of it is they all work together, so you can connect and share however and whenever you want—even from your mobile phone—and be safer when you're doing it.

知识窗
BANGONG RIJANJIAN YINGYONG
ZHISHICHUANG

最初打字机的键盘是按照字母顺序排列的，但如果打字速度过快，某些键的组合很容易出现卡键问题，于是授斯发明了QWERTY键盘布局，他将最常用的几个字母安置在相反方向，最大限度放慢敲键速度以避免卡键。他在1868年申请专利，1873年使用此布局的第一台商用打字机成功投放市场。这就是为什么有今天键盘的排列方式。这种一百多年前形成的以放慢敲键速度为目的的键盘排列方式延续至今。大多数打字员惯用右手，但使用QWERTY，左手却负担了57%的工作。两小指及左无名指是最没力气的指头，却频频要使用它们。排在中列的字母，其使用率仅占整个打字工作的30%左右。因此，为了输入一个汉字，时常要上上下下准确地移动指头。

友情提示

BANGONG RUANJIAN
YINGYONG
YOUQINGTISHI

◆ 准确是前提。打字是一种技能，要想达到飞速击键的状态，成为一名打字高手，不仅要快更要准确，将错误率控制在5‰也是一项基本的要求。所以，强调提高速度应建立在准确的基础上，急于求成欲速则不达。

◆ 提高击键频率。提高击键频率要训练眼、脑、手之间信号传递的速度，它们之间的时间差越短越好，眼睛看到了一个字母马上传给大脑然后到手，这时眼睛仍要不停顿地向后面的字母飞快扫描。盲打训练不可少。

◆ 利用教学软件。勤于练习，每天练习不得少于2小时。为了避免枯燥，可以借助打字游戏，在娱乐中进行录入练习。参考指标：英语每分钟录入180字符以上算是正常，录入220字符以上是优秀。

◆ 为了达到最佳练习效果，应按以下顺序练习：

基本键位→中档键位→上档键位→下档键位→数字键位→其他键位

▶ 自我测试

（1）将下图所示键位上的字母补充完整。

（2）利用小键盘反复练习以下内容的输入。

训练要求：注意小键盘的基准位。录入速度为每分钟150个字符。

123000　434500　　+7989　　−4574　6579.564　8977−123.545 7865 * 5656

5644−4　45.4+79　8220120*789　−542343*5　612+456−78+4　56/123

139/987　123456/6　87789*5456415　4/56465−4　561+321−345

98*30+416−987

（3）英文文章的练习

Story For Coffee （关于咖啡的故事）

Kobe Bryant, a very good basketball player, he was born in 1978 in Italy, when they are good basketball training, and laid a good foundation. In 1996, he joined the political NBA Lakers. Outstanding performance and have access to three NBA titles. It was he and Jordan for comparison. Bryant said: "Who do next, the first one I do!"

A Happy Family (幸福的家庭)

I have a happy family. Though there is only a little furniture in my home and everything in the rooms seems rather disorderly, I love my home very much.

My father is an engineer, nearly fifty years old. As a Party member, quite often he works late into the night. He even forgets himself when he is reading. Once when having supper, I found that the soup tasted watery. It soon became clear that my father, deep in his reading, had forgotten to put salt in the soup.

I have a kind mother. She is a primary school teacher. She loves her pupils and her job very much and puts all her heart into her work. All our clothes are made by tailors, for she is too busy to sew for us. As a housewife, she has to do almost all the housework. So she is the busiest one in our family.

We all keep a lot of books and we love reading. During our leisure time, reading is our main hobby. Evening is the happiest hour in our family. We usually sit in my parents room, reading and discussing everything we're interested in.

I love my family. It not only gives me much happiness and warmth but also teaches me how to be a real man.

——摘自英文作文网

使用拼音法输入汉字

任务概述

使用键盘输入汉字有许多方法，如拼音、五笔、自然码、表形码和天然码等，其中拼音输入法易于掌握，是使用最多的汉字输入法。本任务将在认识汉字编码方案及输入法分类的基础上，重点学习拼音输入法。

一、认识汉字输入法分类

汉字的输入是指通过键盘将汉字输入计算机。我国的计算机研究人员已经成功研制1 000多种汉字编码方案，被使用的也有100多种。汉字的编码是根据汉字的音、形、义等特点来进行的。在输入汉字时，只要输入该汉字的编码字符，就能输入对应的汉字。

目前汉字编码方案主要分为以下几类：

•整字编码　将被编码的汉字按一定顺序排列并依次编号，这个编号便是汉字的编码，称为整字编码，如国标码和区位码。这类编码仅适用于某些专业人员，如电报员、通讯员等。

•音码　其编码规则与音素有关，它根据汉字的读音来对汉字进行编码，只需具有汉语拼音的基础即可进行汉字输入，如搜狗拼音、QQ拼音、全拼等。使用音码输入汉字时必须知道汉字读音，而且相同音节的字编码相同，需要进行选择。

•形码　它是根据汉字的字形来编码的，它将汉字拆分为笔画或偏旁部首，再根据笔画或偏旁部首在键盘上的分布来编码，如五笔字型、郑码等。

•音形码　它是根据汉字的字音和字形共同对汉字进行编码，每个汉字的编码与字音有关，也与字形有关，如首尾码、自然码等。

二、切换输入法

搜狗拼音输入法
✔ 中文(中国)
五 王码五笔型输入法86版
陈 智能陈桥输入平台 5.8
极点五笔 6.1版
智能ABC输入法 5.0 版
拼 中文(简体) – 全拼
极品五笔输入法 版本6.8

图1-8　选择输入法

方法1　启动Windows后，系统会打开默认的英文输入法，在需要输入中文时，用户可使用组合键"Ctrl+空格"激活默认的中文输入法。

方法2　如果要在多种输入法之间进行切换，可使用组合键"Ctrl+Shift"进行。

方法3　通过鼠标单击语言栏按钮，选择输入法，如图1-8所示。

友情提示 BANGONG RUANJIAN YINGYONG YOUQINGTISHI

◆可以按以下步骤为输入法设置快捷键：

（1）右击任务栏的输入法指示器**EN**，弹出如图1-9所示快捷菜单，单击"设置"命令，打开"文本服务和输入语言"对话框。

（2）切换到"高级键设置"页面。

（3）选定需要设置快捷键的输入法，单击"按键顺序"按钮，打开"更改按键顺序"对话框，如图1-10所示。

（4）设置快捷键后，依次单击每个对话框中的"确定"按钮。

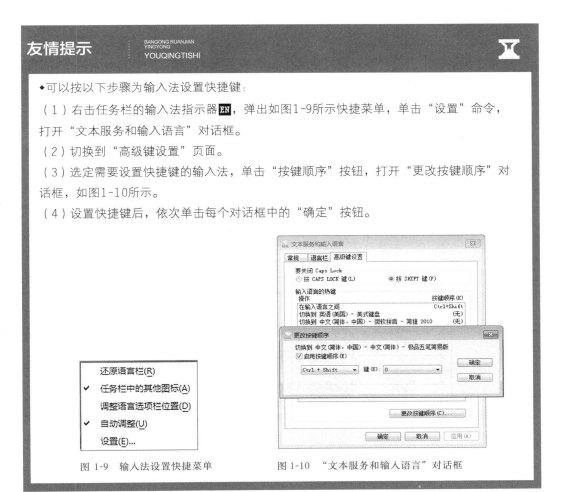

图 1-9　输入法设置快捷菜单　　　　图 1-10　"文本服务和输入语言"对话框

做一做 BANGONG RUANJIAN YINGYONG ZUOYIZUO

（1）在各种输入法间切换的快捷键是（　　）。

　　A．Ctrl＋Shift　　B．Ctrl＋空格　　C．Shift＋空格　　D．Alt＋空格

（2）为"智能ABC"输入法设置快捷键"Alt＋Shift＋1"。

（3）试一试：在"文字服务和输入语言"对话框中添加和删除输入法。

三、认识输入法状态

单击任务栏右端输入法指示器，选择一种输入方法，如五笔字型输入法或搜狗拼音输入法。其输入法状态如图1-11和图1-12所示。

图 1-11　五笔输入法　　　　　　　图 1-12　搜狗拼音输入法

1.全角/半角切换

英文字母、数字字符和标点符号等有全角●和半角♩之分。单击输入法状态框中的相应按钮可在全角和半角之间的切换，或按Shift+空格进行切换。

2.输入中文标点

在输入法状态中，切换按钮呈·,时，输入的是英文标点。单击·,按钮可切换到“,状态，此时输入的是中文标点符号。使用快捷键"Ctrl+."也可进行中英文标点符号的切换。

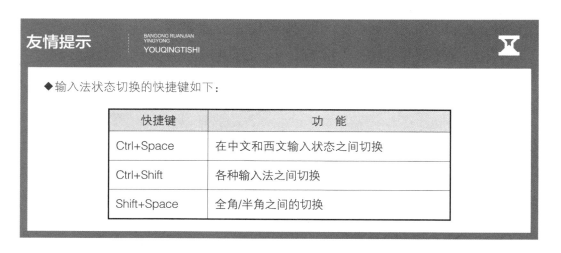

友情提示 BANGONG RUANJIAN YINGYONG **YOUQINGTISHI**

◆输入法状态切换的快捷键如下：

快捷键	功　能
Ctrl+Space	在中文和西文输入状态之间切换
Ctrl+Shift	各种输入法之间切换
Shift+Space	全角/半角之间的切换

四、使用拼音法输入汉字

1.全拼输入法

在众多输入法中，全拼输入法是最简单的汉字输入法，它是使用汉字的拼音字母作为编码，只要知道汉字的拼音就可以输入汉字。

（1）输入单个汉字

在全拼输入状态下，直接输入汉字的汉语拼音就可以输入单个汉字。

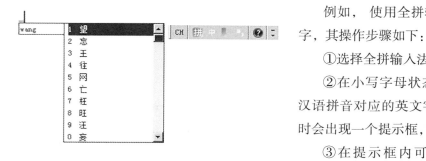

图1-13　输入拼音

例如，使用全拼输入法输入"汪"字，其操作步骤如下：

①选择全拼输入法。

②在小写字母状态下输入"汪"的汉语拼音对应的英文字母"wang"，此时会出现一个提示框，如图1-13所示。

③在提示框内可看到音节相同的字，按下"汪"对应的编号"9"即可输

入"汪"字。如果所需字编号为"1"，则直接按空格键即可。

④如果在当前提示框中的汉字中没有需要的汉字，可以单击右侧"浏览"按钮，或按键盘上的PageDown，PageUp键进行翻页，直到提示行框显示出需要的汉字，再击相应的数字键。

（2）输入词组

例如，使用全拼输入法。输入"我们"两字词组，操作步骤是：在全拼状态下，输入"我们"汉语拼音对应的英文字母"women"，如图1-14所示。

图1-14　全拼输入

做一做　BANGONG RUANJIAN YINGYONG　ZUOYIZUO

用全拼输入法输入以下的词组：

社会主义　核心价值观　富强　民主　文明　和谐

自由　平等　公正　法治　爱国　敬业　诚信　友善

2.搜狗拼音输入法

搜狗拼音输入法同QQ拼音输入法、百度拼音输入法等是目前最流行、最受用户青睐的几种拼音输入法，选用后其输入法状态如图1-15所示。搜狗输入法的状态上的图标，分别是"输入状态""全角/半角符号""中文/英文标点""软键盘""设置按钮"。

图1-15　搜狗输入法

搜狗输入法的输入窗口如图1-16所示。

图1-16　搜狗输入法窗口

搜狗输入法的输入窗口很简洁，输入拼音字母的下一排是提示行，按所需的候选字对应的数字，即可选择该字或词。第一个词默认是红色的，击空格键即可自动输入第一个词。

此外，搜狗输入法还具有全拼、简拼、英文等多种输入方式，且功能也在不断地更新和开发中。

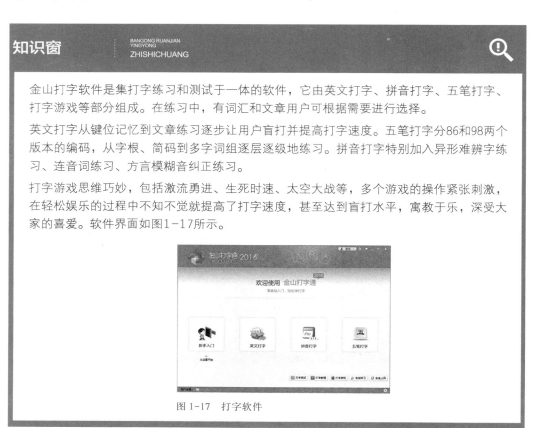

知识窗　BANGONG RUANJIAN YINGYONG ZHISHICHUANG

金山打字软件是集打字练习和测试于一体的软件，它由英文打字、拼音打字、五笔打字、打字游戏等部分组成。在练习中，有词汇和文章用户可根据需要进行选择。

英文打字从键位记忆到文章练习逐步让用户盲打并提高打字速度。五笔打字分86和98两个版本的编码，从字根、简码到多字词组逐层逐级地练习。拼音打字特别加入异形难辨字练习、连音词练习、方言模糊音纠正练习。

打字游戏思维巧妙，包括激流勇进、生死时速、太空大战等，多个游戏的操作紧张刺激，在轻松娱乐的过程中不知不觉就提高了打字速度，甚至达到盲打水平，寓教于乐，深受大家的喜爱。软件界面如图1-17所示。

图1-17　打字软件

拼音打字的练习顺序：

英文打字熟练→正确拼读汉字→选择自己的输入法→拼音练习→盲打流畅。

▶ 自我测试

（1）填空题

①目前汉字编码方案主要可以分为 _____。五笔字型输入法属于_____。

②用拼音输入法输入汉字时，若提示框中没有所需的汉字，可以通过键盘上的 _____或_____键翻页查找，也可通过键盘上的_____或_____键翻页查找。

③在使用拼音输入法输入汉字时，如果输入拼音有误，可按光标控制键或_____键取消，也可以使用_____键删除后修改。

④在搜狗拼音输入法状态下，若想输入英语单词，可以先按一下字母_____，然后输入该英语单词。

（2）将下表补充完整

汉字输入法状态的切换

快捷键	功　能
Ctrl+Space	
	各种输入法之间的切换
Shift+_____	全角/半角之间的切换

（3）实作题

①用拼音输入法输入以下词组。

技巧　　输入　　拼音　　联系　　高校　　教材　　认识　　分布　　通过

实现　　光标　　键盘　　计算机　　广东省　　广州市　　国庆节

中学生　　电视机　　电冰箱　　博物馆　　实验室　　对不起

一日千里　　两全其美　　三心二意　　四面楚歌　　五彩缤纷

六神无主　　七上八下　　八面玲珑　　九牛二虎　　十全十美

百花齐放　　千家万户　　万紫千红　　中央电视台　　信息高速公路

中华人民共和国　　奥林匹克运动会

②使用拼音输入法输入以下文章。

<h3 style="text-align:center">坚持"一国两制"和推进祖国统一</h3>

党把完成祖国统一大业作为历史重任，为此进行不懈努力。邓小平同志创造性提出"一个国家，两种制度"科学构想，开辟了以和平方式实现祖国统一的新途径。经过艰巨工作和斗争，我国政府相继对香港、澳门恢复行使主权，洗雪了中华民族百年耻辱。香港、澳门回归祖国后，中央政府严格按照宪法和特别行政区基本法办事，保持香港、澳门长期繁荣稳定。党把握解决台湾问题大局，确立"和平统一、一国两制"基本方针，推动两岸双方达成体现一个中国原则的"九二共识"，推进两岸协商谈判，实现全面直接双向"三通"，开启两岸政党交流。制定反分裂国家法，坚决遏制"台独"势力、促进祖国统一，有力挫败各种制造"两个中国""一中一台""台湾独立"的图谋。

节选自新华社《中共中央关于党的百年奋斗重大成就和历史经验的决议》

老人与海

淡淡的太阳从海上升起，老人看见其他的船只，低低地挨着水面，离海岸不远，和海流的方向垂直地展开着。跟着太阳越发明亮了，耀眼的阳光射在水面上，随后太阳从地平线上完全升起，平坦的海面把阳光反射到他眼睛里，使眼睛剧烈地刺痛，因此他不朝太阳看，自顾自划着。他俯视水中，注视着那几根一直下垂到黑魆魆的深水里的钓索。他把钓索垂得比任何人更直，这样，在黑魆魆的湾流深处的几个不同的深度，都会有一个鱼饵刚好在他所指望的地方等待着在那儿游动的鱼来吃。别的渔夫让钓索随着海流漂去，有时候钓索在六十英寸的深处，他们却自以为在一百英寸的深处呢。 不过，他想，我总是把它们精确地放在适当的地方的。问题只在于我的运气就如此不好了。可是谁说得准呢？说不定今天就转运。每一天都是一个新的日子。走运当然是好。不过我情愿做到分毫不差。这样，运气来的时候，你就有所准备了。两小时过去了，太阳如今相应地升得更高了，他朝东望时不再感到那么刺眼了。眼前只看得见三条船，它们显得特别低矮，远在近岸的海面上。

摘选自《老人与海》作者: 海明威

[任务三]

NO.3

使用五笔字型汉字输入法输入汉字

任务概述

五笔字型汉字输入法是常见的汉字输入方法之一，它是把汉字拆分为偏旁部首或基本笔画进行编码的。拼音输入法虽然简单易学，但由于音节相同的字较多，重码多，不便于提高输入速度。五笔字型汉字输入法最大特点是重码少，适合汉字输入的专业人员。本任务将详细介绍五笔字型汉字输入法。

一、认识汉字的笔画及字型

在五笔字型汉字输入法中将汉字的笔画分为横、竖、撇、捺、折，并依次编号为1，2，3，4，5，如表1-1所示。

表1-1　五笔字型中笔画的分类

笔画编号	笔画名称	笔画形状	代　码	变形说明
1	横	一 /	11G	提笔属于横
2	竖	丨	21H	竖左钩属于竖
3	撇	丿	31T	
4	捺	、乀	41Y	点属于捺
5	折	乙乚乚㇆乛㇈	51N	带转折

做一做 BANGONG RUANJIAN YINGYONG ZUOYIZUO

"五笔字型"中的"五笔"是指 _____ 。

1.汉字的书写顺序

书写汉字时，应遵循的规则：从左到右、从上到下、从外到内、从内到外。

2.汉字的基本单位

汉字都是由笔画或部首组成的，在五笔字型中，将汉字拆分成的基本单位称为字根。五笔字型编码方案中，基本字根有130多个，加上变形后，字根有200多个。所有汉字都由若干字根以一定方式组合而成，每个汉字的编码最多不超过4个。汉字的拆分是使用五笔字型输入法输入汉字的第一环节，如"明"可拆分为"日""月"两个字根，"吕"可拆分为两个"口"。

做一做 BANGONG RUANJIAN YINGYONG ZUOYIZUO

拆分汉字。

汉　字	拆分字根
汉	
分	
树	
等	

3.汉字的字形

在五笔字型输入法中，按字根组成汉字的结构不同将汉字的字形分为左右型、上下型和杂合型，如表1-2所示。

表1-2 汉字的字形

编 号	字 形	例 字
1	左右型	结明码汉代封别
2	上下型	字杂尼看型笔花
3	杂合型	且困乘太重凶道

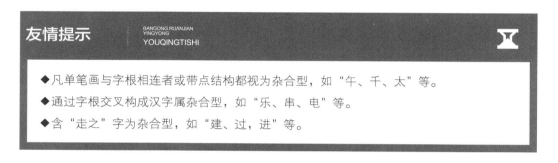

友情提示 BANGONG RUANJIAN YINGYONG YOUQINGTISHI

◆凡单笔画与字根相连者或带点结构都视为杂合型，如"午、千、太"等。
◆通过字根交叉构成汉字属杂合型，如"乐、串、电"等。
◆含"走之"字为杂合型，如"建、过、进"等。

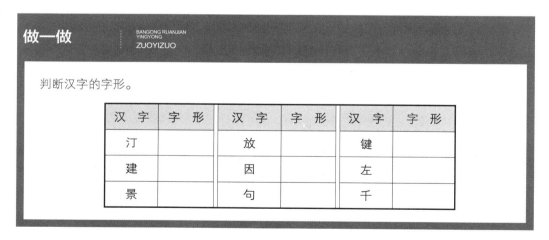

做一做 BANGONG RUANJIAN YINGYONG ZUOYIZUO

判断汉字的字形。

汉 字	字 形	汉 字	字 形	汉 字	字 形
汀		放		键	
建		因		左	
景		句		千	

二、认识字母键的分区

在五笔字型编码方案中，使用了26个英文字母键，其中字母Z作为学习键。按汉字的五类笔画：横、竖、撇、捺、折，将键盘上的字母键A—Y分成了5个区，再根据字根第一笔，将所有字根分配到5个区的各个键，每个区又分为5个位。字母键的区位如表1-3所示。例如，R的区位号为"32"，即3区2位。

表1-3 字母键的区位号

位号 区号	1	2	3	4	5
1	G	F	D	S	A
2	H	J	K	L	M
3	T	R	E	W	Q
4	Y	U	I	O	P
5	N	B	V	C	X

友情提示
BANGONG RUANJIAN YINGYONG
YOUQINGTISHI

◆ 每区的第一个字母键，又作为基本笔画的编码，即横的编码"11G"，竖的编码"21H"，撇的编码"31T",捺的编码"41Y"，折的编码"51N"。

三、认识字根的分布

在五笔字型中，字根在键盘上的分布是有规律的，同一字母键的字根大都在音、形、义上有相近的地方，如图1-18所示。

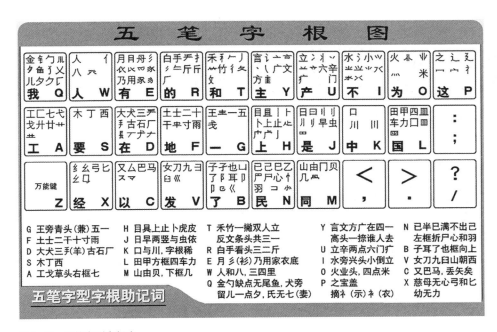

图 1-18 五笔字型字根表

（1）字根的第一个笔画的编号与字根"区号"一致外，相当一部分字根的第二笔编号与该字根所在键的"位号"一致。

（2）同一键中的字根形态相似或相近，如"G"键上有"王、圭、五，戈"等字根，"J"键上有"日、曰、虫、早"等字根。

（3）键位号还表示字根单笔画的数目，即位号与键上字根笔画数目一致，如表1-4所示。

（4）使用联想记忆法，通过助记词来记忆字根，助记词如图1-23所示。

表1-4 同类笔画构成的字根

区＼位	1位	2位	3位	4位
1区	G 一	F 二	D 三	
2区	H 丨	H 刂	K 川	
3区	T 丿	R 彡	E 彡	
4区	Y 、	U 冫	E 氵	O 灬
5区	N 乙	B 巜	V 巛	

友情技巧
BANGONG RUANJIAN YINGYONG
YOUQINGJIQIAO

◆快速记住字根的方法

①记住每个字母键上打头的字根，即键名字根，如图1-19所示。

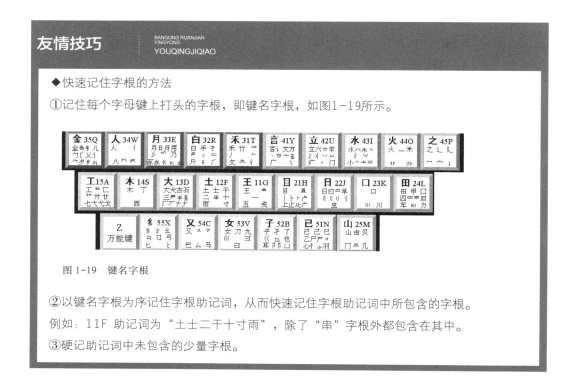

图1-19 键名字根

②以键名字根为序记住字根助记词，从而快速记住字根助记词中所包含的字根。

例如：11F 助记词为"土士二干十寸雨"，除了"串"字根外都包含在其中。

③硬记助记词中未包含的少量字根。

做一做

分析A—X键上字根助记词中所包含的字根，将下表补充完整。

分析字根助记词

字母键	助记词	助记词包含的字根	未包含的相似字根	助记词中未包含的字根
11G				
12F	土士二干十寸雨	土士二干十寸雨	无	
13D				
14S				
15A	工戈草头右框七	工戈艹匚七	弋凵廾廿土	无
21H				
22J				
23K				
24L				
25M				
31T				
32R				
33E				
34W				
35Q				
41Y				
42U				
43I				
44O				
45P				
51N				
52B				
53V				
54C				
55X				

四、输入单个汉字

1.单字根汉字

（1）键名字的输入

在同一个键位上的几个基本字根中，第一个有代表性的字根，称为键名字根，共有25个，如图1-19所示。

输入法：连击4次字根所在键。

例如，"言"字，连击4次"Y"。

做一做 BANGONG RUANJIAN YINGYONG **ZUOYIZUO**

写出以下键名字的编码。

键名字	编 码	键名字	编 码
土	FFFF	口	
金		白	
工		王	
又		之	

（2）成字字根汉字输入

成字字根是指除键名字根和单笔画字根之外，其本身独立成字的字根，它是单字字根中最多的一部分。

成字字根输入法：键名代码＋首笔代码＋次笔代码＋末笔代码，编码不足4码则击空格键，即先击字根所在键（称"报户口"），然后按书写顺序，依次击第一笔画代码、第二笔画代码及最后一笔代码。

若只由两个笔画构成的成字字根，如"十""几""儿"等，其编码长度不足4码，则应补打一次空格键。

"文""用""车"的编码分析如表1-5所示。

表1-5　成字字根输入示例

成字字根	报户口	首　笔	次　笔	末　笔	编　码
文	Y	、（Y）	一（G）	、（Y）	YYGY
用	E	丿（T）	乙（N）	丨（H）	ETNH
车	L	一（G）	乙（N）	丨（H）	LGNH

做一做 BANGONG RUANJIAN YINGYONG ZUOYIZUO

写出下表中成字字根的编码。

键名字	编 码	键名字	编 码
马		五	
石		丁	
川		米	

（3）单笔画输入

单笔画是指"一""丨""丿""丶""乙"，其中的"一"和"乙"又是常用字。其输入法是连击两次笔画对应键，再击两次L键。

例如，"一"编码为：GGLL。

2.合体字输入

由两个及以上字根构成的字称为合体字。

做一做 BANGONG RUANJIAN YINGYONG ZUOYIZUO

写出单笔画编码。

笔 画	编 码	笔 画	编 码
丶		丨	
乙		丿	

（1）有4个及以上字根的合体字

输入法：依书写顺序分别取第一、二、三、末字根的编码。例如：

露:雨口止口FKHK　　戴:十戈田八FALW

型：一廾刂土GAJF　　搏：扌一月寸RGEF

（2）单体结构拆分原则

两个以上字根通过连、交两种方式之一所构成的结构，称为单体结构，如千、生、牛、申等。虽然单体结构的汉字不多，但包含单体结构的合体字却不少，如仟、伸、使、件等。

在对汉字进行拆分时应遵循以下原则：书写顺序、取大优先、兼顾直观、能散不连、能连不交、笔画勿断。

- 书写顺序　拆分时，一定要按照正确的书写顺序进行。例如：

"中"拆成"口、丨"，不能拆成"丨、口"

- 取大优先　在拆分汉字时，应尽可能按笔画多的字根进行拆分。例如：

"世"拆成"廿、乙"，不能拆成"一、凵、乙"

"京"拆成"亩、小"，不能拆成"亠、口、小"

- 兼顾直观　在拆分汉字时，要照顾汉字码元的完整性原则，考虑直观性。例如：

"卤"拆成"⺊、口、×"，不能拆成"上、凵、×"

"且"拆成"月、一"，不能拆成"冂、三"

- 能散不连　若一个汉字的字根间可视为几个字根散的结构，就不拆成字根相连的结构。例如：

"采"拆成"⺥、木"，不能拆成"丿、米"

"百"拆成"⺁、日"，不能拆成"一、白"

- 能连不交　若一个汉字能按字根相连的结构拆分，就不要按字根相交叉的结构拆分。例如：

"于"拆成"一、十"，不能拆成"二、丨"

"天"拆成"一、大"，不能拆成"二、人"

- 笔画勿断　在拆分汉字时不能将笔画拆断了。例如：

"里"拆分为"日土"，不能拆成"田土"

（3）不足4个字根的合体字

一个汉字由两个或三个字根构成时，字根不足4码，就会造成较多的重码。例如"叭""只"，均由"口"和"八"组成，编码为KW；"洒""沐"的编码均为IS。在五笔字型中采用识别码来尽量避免重码。将汉字末笔的编号和字型编号共同构成一个二位数，其对应的字母键作为一个编码，称为"末笔字型交叉识别码"，简称"识别码"。

例如，"只"的末笔"、"（4），字型上下型（2），识别码为42U。

不足4个字根的合体字输入法：按顺序输入每个字根的代码，最后加上一个识别码。若仍不足4码，击空格键。例如：

叭：KWY（41）　　（Y是识别码）

乡：XTE（33）　　（E是识别码）

识别码分别为每个区的前3个字母键，共15个，如表1-6所示。识别码示例，如表1-7所示。

表1-6　末笔字型交叉识别码

字型 末笔	左右型	上下型	杂合型
横	G　11	F　12	D　13
竖	H　21	J　22	K　23
撇	T　31	R　32	E　33
捺	Y　41	U　42	I　43
折	N　51	B　52	C　53

表1-7　识别码示例

汉　字	构成字根	末笔及编号	字型及编号	识别码	汉字编码
彻	彳 扌 刀	乛（5）	左右型（1）	51G	TAVN
美	丷王大	丶（4）	上下型（2）	42U	UGDU
凹	几几一	一（1）	杂合型（3）	13D	MMGD

友情提示

BANGONG RUANJIAN
YINGYONG
YOUQINGTISHI

◆ 识别码只适用于不足4码的合体字，即由2个字根或3个字根构成的汉字。

◆ 带"走之"的汉字，末笔为被包围部分的末笔。例如：

逐:末笔取"丶",识别码43(I)

连:末笔取"丨",识别码23(K)

廷:末笔取"一",识别码13(D)

◆ 用"口"包围一个字根组成的汉字，末笔为被包围部分的末笔。例如：

圆:末笔应取"丶"，识别码43(I)

固:末笔应取"一"，识别码13(D)

囱:末笔应取"丶"识别码43(I)

◆ 字根"刀""九""力""匕"，一律取折笔为末笔。例如：

仇:末笔取"乙"，识别码51(N)

叨:末笔取"乙"，识别码51(N)

仓:末笔取"乙"，识别码52(B)

◆ 对"戋""戈"等字的末笔，按照"从上到下"的原则，取末笔为"撇"。例如：

戏：末笔为"丿"，识别码31(T)

线：末笔为"丿"，识别码31(T)

笺：末笔为"丿"，识别码32(R)

写出有识别码字的编码。

汉 字	编 码	汉 字	编 码	汉 字	编 码
伏		回		卡	
仅		应		召	
逐		千		等	

3.简码输入

为了提高输入速度，五笔字型按汉字使用频率规定了一级简码字、二级简码字和三级简码字。这些汉字可以采取简化输入。

（1）一级简码

一级简码字又称为高频字，共25个，如图1–19中每个字母键上加粗的字。输入方法是：击单字的第一码，再击空格键。例如，"要"的编码为SVF⌴，由于是一级码字，编码可简化为：S⌴。注："⌴"表示空格键。

写出下列字的简码：

中 国 要 以 经 发 了 人 民 是 工 地 上 的 主 人 这

不 为 我 和 一 同 发 了 上 地 产

和 有 的 在 这

（2）二级简码

二级简码字如图1-20所示，共605个。输入方法是：取单字全码输入的前码，再击空格键。例如，"五"的全码输入：GGHG，简码输入：GG⌴。

（3）三级简码

三级简码汉字有4 000多个。输入方法是：依次取全码输入的前三码，再击空格键。例如，"唐"字的全码是YVHK，简码为YVH⌴。部分三级简码字如图1-21所示。

GFDSA	HJKLM	TREWQ	YUIOP	NBVCX
五于天末开 二寺城霜载 三夺大厅左 本村枯林械 七革基苛式	下理事画现 直进吉协南 丰百右历面 相查可楞机 牙划或功贡	玫珠表珍列 才垢圾夫无 帮原胡春克 格析极检构 玫匠菜共区	玉平不来 坟增示赤过 太磁砂灰达 术样档杰棕 芳燕东 芝	与屯妻到互 志地雪支 顾肆友龙 杨李要权楷 世节切芭药
睛睦睚盯虎 量是晨果虹 呈叶顺呆呀 车轩因困轼 同财央朵曲	止旧占卤贞 早昌蝇曙遇 中虽吕另员 四辊加男轴 由则 靳册	睡眣肯具餐 昨蝗明蛤晚 呼听吸只史 力斩胄办罗 几贩骨内风	眩瞳步眯瞎 景暗晃显晕 嘛嘀吵嗖喧 罚较 辚边 凡赠峭赕逃	卢 眼皮此 电最归紧昆 叫啊哪吧哟 思团轨轻累 岂邮 凤嶷
生行知条长 后持拓打找 且肝须采肛 全会估休代 钱针然钉氏	处得各务向 年提扣押抽 胨胆肿肋肌 个介保佃仙 外甸名甸负	笔物秀答称 手折扔失换 用遥朋脸胸 作伯仍从你 儿铁角欠多	入科秒秋管 扩达朱搂近 胶腔膛爱 信们偿伙 久匀乐炙锭	秘季委么第 所报扫反批 甩服妥肥脂 亿他分公化 包凶争色
主计庆订度 闰半关亲并 汪法尖洒江 业灶类灯煤 定守害宁宽	让刘训为高 站间部曾商 小浊澡渐没 粘烛炽烟灿 寂审宫军宙	放诉衣认义 产瓣前闪交 少泊肖兴光 烽煌粗粉炮 客宾家空宛	主说就变这 六立冰普帝 注洋水淡学 米料炒炎迷 社实宵灾之	记离良充率 决闻妆冯北 沁池当汉涨 断籽娄烃糯 官字安 它
怀导居 民 卫际承阿陈 姨寻姑杂毁 骊对参骠戏 线结顷 红	收慢避惭届 耻阳职阵出 聂旭如舅妯 骡台劝观 引旨强细纲	必怕 愉懈 降孤阴队隐 九 奶婚 矣牟能难允 张绵级给约	心习悄屡忱 防联孙耿辽 纺嫌录灵巡 驻骈 劝观 纺弱纱继综	忆敢恨怪尼 也予限取陛 刀好妇妈姆 马邓艰双 纪弛绿经比

图 1-20 二级简码字

动会生学阶部进行说种度自高定法二起政战使性体路图把第里正新论些批形想制向变关点育去件利压气期平基月展治解系者米意通但又孔流接位情运器飞题验活众很决常极统转别持总料任调山更必真管己将修识病象几先老专复带完劳轮积做被整集列温装即毫研据速防史世设织花受传金品层止清至确究书状厂离再目海青低越规斯注布门铁需走议县固除齿千胜白格效配刀述今养德话差敌始片施响华觉续均条消往神便贺村容族火算适讲按态黄易彪班削排声素张密侯草何树属严径螺检页抗苏英快称坏移巴材省黑武培著河仅京助升王她副谈食源例酸却短宣环首尺粉践鱼随考刻失促枝局菌杆周护岩师春元超贫减扬言球朝医饣古呢稻宋输滑刚写微范供块套项余倒卷创律远初皮播优死毒季控激跟粮练钢策误础吸盾丝女焊株院冷弹错商视灭室血倍缺泵绝富冲喷壤简柱盘磁雄似益洲脱投送奴侧盖挥距星松送兴独混依突架宽章湿纹执阀责熟硬价努评读背损棉侵灰厚泥箱氧恩爱停曾营终纲孟尽俄缩沙讨奋械载胞幼剥迫征槽刮握担仍鲜卡钻盖盐丰编印蜂急伤飞核缘伍退免纸夜隶夹兰映乙吗儒杀磷晶埃燃欢铁补咱芽瓦倾碳威附芽永瓦灌欧献请透司危括麻宜笑若束壮暴企菜楚愈绿拖牛份染锻锻夏殖井费访吹荣沿替滚召旱刺脑措藏令隙炉壳硫煤铸福纵择伏残烟句纯渐跑泽栽鲁境潮横掉锥希池船假谓托哲怀摆呈劲仪沉麻罪祖怠穿货销齐鼠筑歹歌寒喜庆蚀废纳腹镜恶摇典辩竹谷乱桥奥伯网野静谋弄课盛援扎符庆聚绕忙舞索顾羊湖仁音迹碎伸灯泛亡勇频皇柳哈揭诺概宪浓岛洪谢炮浇斑讯懂蛋闭孩释乳巨私银伊景坦杜勒隔弯绩招胡呼峰柴簧午尚丁秦稍追梁耗碱殊岗剧堆赫勤篇案凸役链啦脸户洛孢勃盟杨宗焦滤炭股坐蒸凝竟陷枪黎冒讯宋弧爆味臀障陆健尊豆拔莫抵警挑污嘴饭塑寄赵康牧遭幅园腔香肉弟屋敏恢借耳虎笔浪萨茶滴浅穴覆伦娘吨浸袖珠雌珠紫塔岁洁剂牢锋疑霸埔诉刷狠忽阔乔唐漏闸沈熔氯茎凡抢像浆旁玻忠唱蒙纷捕锁尤乘乌淡允畜俘毕漓宝芯爷秘净枯抛爸循祝穷塘泡朗铝软颗惯贸粪趋碍启航丙辐肠付渗瑞挤烂森糖圣凹迟蚕矩

图 1-21 部分三级简码字

做一做

写出以下二级简码字的简化输入编码。

汉 字	编 码	汉 字	编 码	汉 字	编 码
生		后		入	
叶		另		史	
革		百		达	
几		电		纪	
丰		与		叫	
吧		让		张	
给		然		化	

采取简码输入可以大大地提高输入速度。一个汉字可能有多种简化输入编码。例如"经"字，是一级简码字、二级简码字，又是三级简码字，还可全码输入。输入时尽量采用击键次数少的编码，这样可以提高输入速度。

做一做

（1）写出下列三级简码字的简化输入编码。

汉 字	编 码	汉 字	编 码	汉 字	编 码
课		奖		控	
吼		号		富	
短		谷		店	
搞		丛		存	

（2）找出以下文字中的简码字，并写出其编码

不忘初心，志在千秋，百年奋斗正青春，请党放心强国有我。生态文明，绿色低碳，美丽中国展开画卷。

五、输入词组

1.二字词

输入法：分别取单字的前两码。例如：

机器：木几口口 SMKK　　工作：工工亻广 AAWT　　　西方：西一方丶 SGYY

2.三字词

输入法：分别取前两个字的第一码和第三个字的前两码。例如：

直辖市：十 车　亠　冂　AAKK

3.四字词和多字词

输入法：分别取前三个字的第一码和最后一个字的第一码。例如：

巧夺天工：工大一工　ADGA　中华人民共和国：口亻人国　K W W L

目前，很多输入法中大大增加了词组的输入，有些输入法还能根据用户使用需要自己组织词库。

做一做　BANGONG RUANJIAN YINGYONG ZUOYIZUO

（1）输入以下多字词。

中央委员　　我国各族人民　　政治协商会议　　历史唯物主义　　中国人民银行

全民所有制　　五笔字型汉字输入技术　　坚持四项基本原则　　中央电视台

喜马拉雅山　集体所有制　毛泽东思想　理论联系实际　中华人民共和国　中国共产党

（2）输入以下三字词。

天然气　通信录　孙悟空　进一步　星期天　出版社　圣诞节　直辖市　对不起

卫生部　出租车　消防车　阅览室　青年团　对角线　天安门　机器人　通知书

党中央　工作证　世界观　表达式　青春期　新华社　同志们　共产党　公务员

（3）输入以下四字词。

莫名其妙　熙熙攘攘　草木皆兵　承前启后　工作总结　共产党员　世外桃源

若无其事　勤工俭学　出谋划策　孤陋寡闻　职业道德　惊心动魄　语重心长

基本路线　工作人员　劳动模范　茁壮成长　艰苦卓绝　孜孜不倦　对外开放

（4）输入以下二字词。

伤口　作品　新颖　思路　进行　修改　内容　耐心　同学　解释　交流　然后　珍藏

自己　抢修　成功　选购　档案　冷藏　理解　理想　冷气　盛情　领导　用途　清单

制作　生活　任务　技能　社会　模块　综合　地方　理由

六、重码和容错码

如果一个编码对应着几个汉字，这几个字称为重码字，如万、尤、九的编码均为 DNV；几个编码对应一个汉字，这几个编码称为汉字的容错码。在五笔字型编码输入方案中，容错码字有500多个。如果两个不同的汉字编码完全相同，称为重码。虽然五笔字型输入法为减少重码作了一系列努力，但仍然不能完全避免重码。

七、字母键Z的用法

Z键用于辅助学习，当对汉字的拆分难以确定少量字根时，不管它是第几个字根都可以用Z键来代替。借助于软件，把符合条件的汉字都显示在提示框中，再键入相应的数字，则可把相应的汉字选择到当前光标位置处。在提示行中还显示了汉字的五笔字型编码，可以作为学习编码规则之用。例如在输入"避"时，不知第3码，可用Z代替，如图1-22所示。

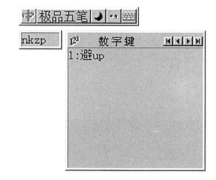

图 1-22　　帮助键

知识窗
BANGONG RUANJIAN YINGYONG
ZHISHICHUANG

（1）五笔和拼音混合的输入法

现在不需切换，直接能用五笔和拼音输入的输入法已诞生了，如陈桥输入、万能输入都既能使用拼音又能使用五笔。当你不能打出某一些字时可采用拼音输入，而遇到生僻字不能读音时又可直接采用五笔输入。极点输入法，也采用混合输入方式，是一种新型的输入法，简洁明快，如图1-23所示。

图 1-23　　极点五笔

（2）输入文章时的优先级

词组→高频字→二级简码→无识别码→有识别码

（3）五笔打字的练习顺序

熟练掌握英文打字→ 掌握五笔字根总表→词组→掌握各类字的打法

（4）计算机速记师国际认证标准

表1-8 Typing Credential标准

单位：个/min

分类	认证项目	基础级	专业级			专家级			大师级		
			初等	中等	高等	初等	中等	高等	初等	中等	高等
英文	看打	20	25	30	35	40	60	80	100	120	140
	听打	35	40	45	55	65	75	90	105	120	140
中文	看打	20	30	40	60	80	110	150	190	230	270
	听打	50	70	80	100	120	140	170	200	230	270
胜任岗位		基础录入	一般工作	公务工作	文秘工作	职业文书	高级文书	一般会务	职业会务	高级会务	特级会务

注意：数据引自[计算机速记师（听打与看打专业能力测验）国际认证简章]。若有变动，请参考全球测验认证中心Certiport中文网站或到各地区相关授权认证单位查询。

（5）五字型输入法发明者——王永民

王永民，教授级高级工程师，五笔字型输入法的发明者，曾获国家"五一劳动奖章""国家级专家""全国优秀科技工作者""全国劳动模范"等称号。2003年，国家邮政总局发行了纪念邮票"当代毕昇——王永民"。

王永民1943年12月生于河南省南阳地区南召县贫农家庭，1962年以南阳地区第一名的成绩考入中国科学技术大学无线电电子学系。1978—1983年，以五年之功研究并发明被国内外专家评价为"其意义不亚于活字印刷术"的"五笔字型"（王码），以多学科最新成果之运用、集成和创造，提出"形码设计三原理"，首创"汉字字根周期表"，发明了25键4码高效汉字输入法和字词兼容技术在世界上首破汉字输入计算机每分钟100字大关并获美、英、中三国专利。"五笔字型"在全世界的广泛影响和应用，为祖国赢得了荣誉。

2001年12月21日揭晓的20世纪我国重大工程技术成就25项排行榜上排在首位的是体现国家硬实力的"两弹一星"，排在第二位的是体现国家软实力的"汉字信息处理和印刷技术革命"。相关资料显示，为第二项重大科技成就作出重要贡献的包括王选领导的汉字激光照排系统和王永民发明的五笔字型为代表的高效"形码"汉字输入技术（2008年获得国家科学技术发明奖）。这两项重大工程技术成就的推广应用，使我国突破了汉字难以进入计算机的"瓶颈"，使汉字进入信息时代并焕发青春光彩。

▶ 自我测试

（1）把下列汉字拆分成五笔字型的基本字根

于午矢朱示末天夫太元无关毛下卡入办成式卫互非鬼到道输解渴牌怎啊隘霸褒逼脖超晨骏鞠鹃阔滥棱脸捞缆荔邻含裂留鸿哗寂箭模馒窦嘛糜踏漂器愿照造型狸选择

卖读

（2）单字输入练习

①高频字

我是一中国人中国人是主人以为不在这工人上工了中国要地和中国人同在一地不经这地上主要是为了中国人民民主的一发要和有产人在一地我和人的同是中国产的人有我有不以发主这地上的不是人的一是一这是不以为是这中主要有国产的在

②键名字

王土大木工　目日口田山　禾白月人金　言立水火之　已子女又金　月山禾田口子

金木水火土　日月山水田　王大人之子　口言白木工　又立这山已　土田日之女子

③高频字与键名字

一王地土在大要木工人上月是日中口同田同山和禾的白有月人我金言主产立不水为火这之民已了子发女以又经 在大地上有一国中之国这是中国大山上有一人中这人这是中国人中国人民是这大地上的主人和日月同在这中有一国王大地上不要地主

④成根字根

一五，土干二十寸雨，三厂古，丁西；上止日早虫，川，甲四车力，几贝；竹斤手，用乃，八儿夕；方文广，六门辛，小，米；己巳乙心，了耳也，也必巴

⑤有识别码字

谁住址位值推唯挂油半倡阴吗码　　　什利判刑拥训剥杆汁汗仰

私改故败仅仗付叹状待封讨朴艺　　　把她汇忙抗访坊仿孔礼彻

（3）词组输入练习

①双字词

参加　学生　老师　学校　校长　教授　工作　经济　努力　护士　当然　而且

黄山　山东　医院　医生　天津　新疆　西藏　集中　统一　上海　计算　大众

方面　因此　所以　满足　需要　国家　音乐　年龄　身体　非常　开展　运动

②三字词

同志们　教研室　展销会　后勤部　水电站　俱乐部　编辑部　重要性

生产力　自动化　多方面　缝纫机　图书馆　打印机　年轻人　幼儿园

摩托车　纪念品　计算所　体育馆　偶然性　世界观　代表团　总工会

半导体　说明书　实际上　杭州市　拖拉机

③四字词

中国人民　少数民族　生活方式　中国银行　程序控制　领导干部　自动控制

社会实践　少年儿童　共产党员　参考消息　国民经济　再接再厉　海外侨胞

经济特区 拥政爱民 众所周知 计划生育 四化建设 电话号码 自力更生
以身作则 知识分子 新华书店

④多字词

中国人民解放军 全国人民代表大会 中国共产党 中央人民广播电台 四个现代化
民主集中制 新华通讯社 中国科学院 中华人民共和国

（4）文章输入练习

中等职业学校学生公约

1. 爱祖国，有梦想。热爱祖国，热爱人民，热爱中国共产党。志存高远，服务人民，奉献社会。

2. 爱学习，有专长。崇尚科学，追求真知；勤学苦练，精益求精；不会就学，不懂就问。

3. 爱劳动，图自强。尊重劳动，勇于创造；艰苦奋斗，勤俭节约；从我做起，脚踏实地。

4. 讲文明，重修养。尊师孝亲，友善待人；诚实守信，言行一致；知错就改，见贤思齐。

5. 遵法纪，守规章。遵守法律，依法做事；遵守校纪，依纪行为；遵守行规，依规行事。

6. 辨美丑，立形象。情趣健康，向善向美；仪容整洁，衣着得体；举止文明，落落大方。

7. 强体魄，保健康。按时作息，坚持锻炼；讲究卫生，保持清洁；珍爱生命，注意安全。

8. 树自信，勇担当。自尊自信，乐观向上；珍惜青春，不怕挫折；敬业乐群，勇担责任。

匆 匆

燕子去了，有再来的时候；杨柳枯了，有再青的时候；桃花谢了，有再开的时候。但是，聪明的，你告诉我，我们的日子为什么一去不复返呢？—— 是有人偷了他们吧：那是谁？又藏在何处呢？是他们自己逃走了吧：现在又到了哪里呢？

我不知道他们给了我多少日子，但我的手确乎是渐渐空虚了。在默默里算着，八千多日子已经从我手中溜去；像针尖上一滴水滴在大海里，我的日子滴在时间的流里，没有声音，也没有影子。我不禁头涔涔而泪潸潸了。

去的尽管去了，来的尽管来着；去来的中间，又怎样地匆匆呢？早上我起来的时候，小屋里射进两三方斜斜的太阳。太阳他有脚啊，轻轻悄悄地挪移了；我也茫茫然跟着旋转。于是——洗手的时候，日子从水盆里过去；吃饭的时候，日子从饭碗里过去；默默时，便从凝然的双眼前过去。我觉察他去得匆匆了，伸出手遮挽时，他又从遮挽着的手边过去，天黑时，我躺在床上，他便伶伶俐俐地从我身上跨过，从我脚边飞去了。等我睁开眼和太阳再见，这算又溜走了一日。我掩着面叹息，但是新来的日子的影儿又开始在叹息里闪过了。

在逃去如飞的日子里，在千门万户的世界里的我能做些什么呢？只有徘徊罢了，只有匆匆罢了；在八千多日的匆匆里，除徘徊外，又剩些什么呢？过去的日子如轻烟，被微风吹散了，如薄雾，被初阳蒸融了；我留着些什么痕迹呢？我何曾留着像游丝样的痕迹呢？我赤裸裸来到这世界，转眼间也将赤裸裸地回去吧？但不能平的，为什么偏要白白走这一遭啊？你聪明的，告诉我，我们的日子为什么一去不复返呢？

摘选自小学生课文《匆匆》　作者: 朱自清

模块二 / 制作电子文档

在日常办公中，经常需要处理各种电子文档，而在电子文档中，文字、表格、图片是表达和传递信息的3种主要载体形式。本模块以长生大酒楼的日常办公事务处理为情境，学习制作工作计划、公司宣传页、个人名片、财务报销凭证、员工登记表等，从而掌握WPS 2021的基本操作，了解WPS 2021强大的文字排版和表格处理功能。

通过本模块的学习，应达到的目标如下：

- 能够创建、编辑、保存和打印文档
- 能进行文档格式设置
- 能应用艺术字及图片
- 能应用自选图形
- 能调整文档的整体效果
- 能熟练制作表格并进行计算

［任务一］
制作工作计划

任务概述

　　一项工作或某个时期开始之前，通常需要拟订工作计划，它有助于明确工作任务，提高工作效率。计划一般包括标题、正文、署名3部分。标题一般根据中心内容、目的要求、计划范围来确定，应放置在计划主体内容的最上边，字体字号要醒目，通常居中。正文是计划的主体，内容是主要的打算和计划，以及注意事项与简单分工。署名一般放在主体的右下方，署名的下方应注明拟订时间。

　　本任务将利用WPS 2021的文字输入与基本的文字排版功能，完成如图2-1所示"长生大酒楼迎新春工作计划"。

长生大酒楼迎新春工作计划

　　新年伊始，一月份作为全年工作的基础，应从各个方面为顺利完成全年营业、销售目标打好基础，工作重点应放在年度计划拟订、安全生产大检查等方面。为了更好地开展迎新春的工作，特制订如下工作计划：

　　一、召开部门经理会议，确定年度工作计划、总体目标及重点。

　　二、召开全体职工大会，强调春节期间的安全生产、分工合作，宣读年度营销工作计划、总体目标及重点，传达奖惩方案。

　　三、组织生产大检查，重点是餐厅、客房、会议室等，并对检查出来的问题进行整改，责任到人，确保万无一失。

　　四、根据年度计划采购商品、原材料，确保全年营销工作顺利进行。

　　五、组织餐饮部门相关人员共同研究，完成新菜单的制订。

　　六、做好春节预订席桌的各项准备工作。

长生大酒楼

2021年12月25日

图 2-1 "工作计划"效果图

制作向导

　　对以上案例进行讨论和分析，可以得出如下制作思路。

　　（1）启动WPS 2021，创建一个新文档，输入文字并保存；

　　（2）设置标题格式；

（3）设置正文文本格式；

（4）设置正文文本的段落格式；

（5）设置落款文本的格式；

（6）打印预览文档；

（7）打印文档。

制作步骤

1.启动WPS 2021，创建一个新文档，输入文字并保存

（1）单击"开始"→"所有程序"→"WPS Office"→"WPS Office"，启动WPS 2021。单击"首页"中的新建按钮 [⊕]，如图2-2所示。在"新建"页面中，单击"新建文字"右侧的"新建空白文字"，创建一个文件名为"文字文稿1"的空文档，如图2-3所示。

图 2-2　WPS 2021"首页"界面

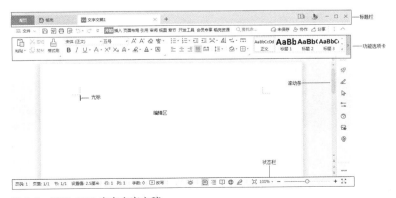

图 2-3　WPS 2021 空白文字文稿

标题栏：包括标题显示区和窗口控制按钮。标题显示区用于显示当前文件的名称标题；窗口控制按钮则用于快速实现关闭、最小化和最大化等使用频率较高的操作。

功能选项卡：功能选项卡的作用是分组显示不同的功能集合。单击某个选项卡标签，在其中分为多个组，每个组中都会有相应的功能来操作。

文本编辑区：用于对文档进行各类编辑操作，是WPS 2021进行文字处理的核心部分。在文档编辑区中，有一条不断闪烁的黑竖线，称为光标，即文本插入点。当要在WPS中输入内容时就是从文本插入点的位置开始不断向右输入。

状态栏：在状态栏的左侧显示当前文档的页数/总页数、字数、当前输入语言状态等信息；中间的5个按钮用于调整视图方式；右侧的滑块用于调整显示比例。

（2）选择输入法，从光标的插入点处输入文字，光标将随文字的输入而右移。当遇到页面右边界时，光标自动跳至下一行的最左端。当某段文本的输入完成后，需要击回车键，使文本另起一段，同时产生一个回车符（又称段落标记，一个回车符表示一个自然段），文字输入完成后效果如图2-4所示。

长生大酒楼迎新春工作计划

新年伊始，一月份作为全年工作的基础，应从各个方面为顺利完成全年营业、销售目标打好基础，工作重点应放在年度计划拟订、安全生产大检查等方面。为了更好地开展迎新春的工作，特制订如下工作计划：

一、召开部门经理会议，确定年度工作计划、总体目标及重点。

二、召开全体职工大会，强调春节期间的安全生产、分工合作，宣读年度营销工作计划、总体目标及重点，传达奖惩方案。

三、组织生产大检查，重点是餐厅、客房、会议室等，并对检查出来的问题进行整改，责任到人，确保万无一失。

四、根据年度计划采购商品、原材料，确保全年营销工作顺利进行。

五、组织餐饮部门相关人员共同研究，完成新菜单的制订。

六、做好春节预订席桌的各项准备工作。。

长生大酒楼

2015年12月25日

图2-4 文字输入完成后的效果

友情提示 BANGONG RUANJIAN YINGYONG YOUQINGTISHI

◆ 当输入"一、……"等标有序号的文本，并按下回车键后，在下一段将自动出现"二、"，这是WPS的自动编号功能，这给操作带来很大的方便。但有时并不需要此功能，可按以下步骤取消：

①单击"文件""工具""选项"，弹出"选项"对话框；

②单击切换到"编辑"页面；

③在"自动编号"中取消"键入时自动应用自动编号列表"复选框，如图2-5所示。

图2-5 "选项"对话框

（3）单击"文件"→"保存"命令，或快速访问工具栏的"保存"按钮，系统将弹出"另存文件"对话框，如图2-6所示。在"保存位置"下拉框中选择文件夹，在"文件名"后的文本框中输入"工作计划"，单击"保存"按钮 保存(S) 即可保存文件，并返回文档编辑窗口。

图2-6 "另存为"对话框

友情提示 BANGONG RUANJIAN YINGYONG YOUQINGTISHI

◆ 用户建立的文件最好不要保存在C盘中，因为C盘通常作为系统盘，这样才能避免在重装操作系统时，造成用户文件的丢失。

做一做 BANGONG RUANJIAN YINGYONG ZUOYIZUO

观察图2-5可知，WPS 2021文字文稿的默认扩展名为＿＿＿＿＿＿＿＿＿＿＿。

2.使用工具按钮设置标题格式

（1）将I形鼠标指针移到文本的开始处单击，或用键盘的光标控制键将光标移到文本的开始位置。

（2）按住鼠标左键不放，拖动到第1行标题的结束处释放左键，或按住Shift键的同时，在第1行文本的结束位置单击，均可选中该行文本，如图2-7所示。

> **长生大酒楼迎新春工作计划**
>
> 新年伊始，一月份作为全年工作的基础，应从各个方面为顺利完成全年营业、销售目标打好基础，工作重点应放在年度计划拟订、安全生产大检查等方面。为了更好地开展迎新春的工作，特制订如下工作计划：

图 2-7 选中标题文字后的效果

友情提示 BANGONG RUANJIAN YINGYONG YOUQINGTISHI

◆ 选定文本范围的方法

① 将鼠标指针移至某一行文本左边的空白处，当鼠标指针将呈 ↳ 状时单击可选中该行文本。

② 将光标移到行首（尾），先按住Shift键，再击End（Home）键，也可选中光标所在位置到行尾（首）的所有文本。

③ 选择矩形区域文本：将I形指针定位到文本的一角，按住Alt键，拖动鼠标至文本块的对角，如图2-8所示。

> **长生大酒楼迎新春工作计划**
>
> 新年伊始，一月份作为全年工作的基础，工作重点应放在年度计划拟订，特制订如下工作计划：

图 2-8 选中矩形区域的文本

（3）在"开始"选项卡的字体按钮中，设置字体格式为"黑体、二号"；在段落按钮中，单击"居中"按钮≡，如图2-9所示。

图 2-9　标题文字格式设置

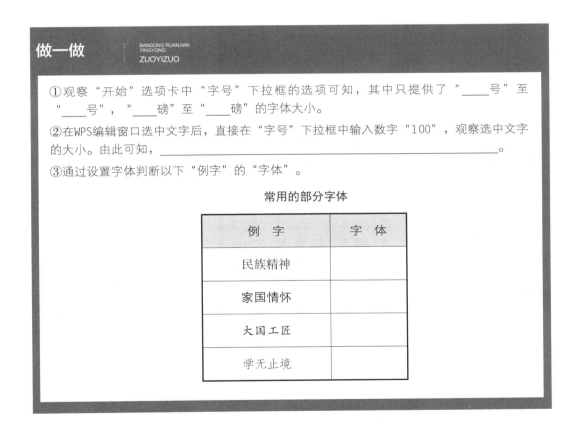

做一做 BANGONG RUANJIAN YINGYONG ZUOYIZUO

①观察"开始"选项卡中"字号"下拉框的选项可知，其中只提供了"____号"至"____号"，"____磅"至"____磅"的字体大小。

②在WPS编辑窗口选中文字后，直接在"字号"下拉框中输入数字"100"，观察选中文字的大小。由此可知，_____。

③通过设置字体判断以下"例字"的"字体"。

常用的部分字体

例　字	字　体
民族精神	
家国情怀	
大国工匠	
学无止境	

3.使用"字体"对话框设置正文文本格式

（1）将鼠标指针定位到正文的开始处，按住鼠标左键不放，拖动到文件末，即可选中正文文本。

（2）单击"开始"选项卡的"字体"格式组右侧按钮⌐，在弹出的对话框中，将字体字号分别设置为"宋体""小四"，如图2-10所示。

图2-10 "字体"对话框

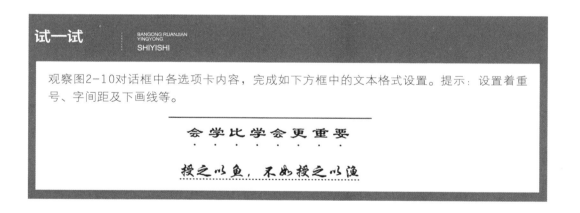

试一试
BANGONG RUANJIAN YINGYONG
SHIYISHI

观察图2-10对话框中各选项卡内容，完成如下方框中的文本格式设置。提示：设置着重号、字间距及下画线等。

会 学 比 学 会 更 重 要

授之以鱼，不如授之以渔

4.设置正文文本的段落格式

按通常的排版习惯，应在每段首行空出2个字符的位置，即首行缩进2个字符。

（1）选中除标题外的所有段落。

（2）单击"开始"选项卡"段落"格式组右侧按钮，弹出如图2-11所示的对话框。在"特殊格式"框中选择"首行缩进"，"度量值"框中选择"2"。

（3）在"行距"下拉框中选择"固定值"，并在"设置值"中调整为"24"，如图2-11所示。

（4）单击"确定"按钮，效果如图2-12所示。

图 2-11 "段落"对话框

长生大酒楼迎新春工作计划

新年伊始，一月份作为全年工作的基础，应从各个方面为顺利完成全年营业、销售目标打好基础，工作重点应放在年度计划拟订、安全生产大检查等方面。为了更好地开展迎新春的工作，特制订如下工作计划：

一、召开部门经理会议，确定年度工作计划、总体目标及重点。

二、召开全体职工大会，强调春节期间的安全生产、分工合作，宣读年度营销工作计划、总体目标及重点，传达奖惩方案。

三、组织生产大检查，重点是餐厅、客房、会议室等，并对检查出来的问题进行整改，责任到人，确保万无一失。

四、根据年度计划采购商品、原材料，确保全年营销工作顺利进行。

五、组织餐饮部门相关人员共同研究，完成新菜单的制订。

六、做好春节预订席桌的各项准备工作。

长生大酒楼

2015年12月25日

图 2-12 段落格式设置后的效果

5.设置落款文本的格式

落款文本应与正文之间空出几行，并置于文档的右下方。

（1）单击任意处，取消上一选区。

（2）在落款文本前连续两次击回车键，插入两个空行。

（3）选中两行落款文字。

（4）在"视图"选项卡中勾选"标尺"按钮 ☑标尺，文档编辑区将出现水平标尺和垂直标尺。

（5）通过拖动标尺中的首行缩进滑块调整缩进效果。

（6）选择"开始"选项卡"段落"组，单击"居中"按钮，效果如图2-13所示。

　　三、组织生产大检查，重点是餐厅、客房、会议室等，并对检查出来得问题进行整改，责任到人，确保万无一失。

　　四、根据年度计划采购商品、原材料，确保全年营销工作顺利进行。

　　五、组织餐饮部门相关人员共同研究，完成新菜单的制订。

　　六、做好春节预订席桌的各项准备工作。

长生大酒楼

2015年12月25日

图2-13　落款文字设置效果

做一做　BANGONG RUANJIAN YINGYONG ZUOYIZUO

设计如图2-13所示落款文字效果还有哪些方法？

6.打印预览文档

单击"文件"→"文件"→"打印预览"命令，打开打印窗格。在右边的窗格中可预览打印效果，调整其下文的放大镜可以放大或缩小打印预览文档效果，如图2-14所示。

图2-14　"打印预览"的效果

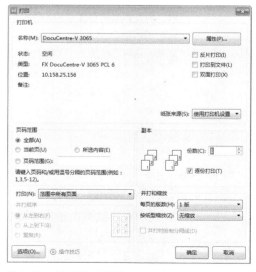

图2-15　"打印"对话框

7.打印文档

（1）单击"文件"→"文件"→"打印"命令，打开"打印"对话框，如图2-15所示。

（2）设置打印机属性和页码范围等附加信息。

（3）单击"确定"按钮便可发送打印命令，将文档通过打印机打印出来。

（4）保存并退出WPS 2021。

做一做 BANGONG RUANJIAN YINGYONG ZUOYIZUO

讨论：对段落及文本格式设置可以通过选项卡工具按钮和对话框操作完成，两种方法各有何优点？

知识窗 BANGONG RUANJIAN YINGYONG ZHISHICHUANG

（1）文字处理

人类历史上从文字出现以后就开始了文字处理技术，其发展经历了"手写—刻字—雕版印刷—活字印刷—机械式打字机—计算机文字处理"这几个阶段。目前，文字处理技术已广泛应用于软件设计、金融证券、报纸杂志、广告设计和工业制造等行业，为社会经济的发展做出了卓越贡献。

王选（1937年2月5日—2006年2月13日），男，江苏无锡人，出生于上海，计算机文字信息处理专家，计算机汉字激光照排技术创始人，当代中国印刷业革命的先行者，被称为"汉字激光照排系统之父"，被誉为"有市场眼光的科学家"，为我国文字处理技术的发展做出卓越贡献。

（2）WPS Office

WPS Office是由北京金山办公软件股份有限公司自主研发的一款办公软件套装，是中国人自己开发的Office软件，可以实现办公软件最常用的文字编辑、表格、演示稿等多种功能。

WPS Office具有内存占用低、运行速度快、体积小巧、强大插件平台支持、免费提供海量在线存储空间及文档模板等优点，覆盖Windows、Linux、Android、iOS等平台。

（3）切换"插入"与"改写"模式

在WPS默认"插入"模式下，在光标所在的插入点输入文字时，其后的文字将自动伴随文本的输入后移；而在"改写"模式下，插入点之后的文本将被新输入的文本所替代。如何在WPS中切换"插入"和"改写"模式呢？主要有以下几种方法。

①右击WPS程序窗口状态栏，勾选快捷菜单中的"改写"，如图2-16

图 2-16 切换"插入／修改"模式

所示。将在状态栏显示⌧改写，此时为"插入"模式。

②用鼠标单击WPS状态栏上⌧改写，其按钮将变为☑改写，此时为"改写"模式。

（4）"查找"与"替换"文本

"替换"操作实际上是先找到符合条件的内容，再用新内容取代原有内容，利用"替换"命令，可以批量修改文档内容，以提高工作效率。具体步骤如下：

①单击"开始"选项"替换"按钮 ⚓替换，弹出如图2-17所示"查找和替换"对话框。

图 2-17 "查找和替换"对话框

②在该对话框中，单击"更多"按钮 更多(M) ≫ ，将对话框的扩展选项部分展开，如图2-18所示。

图 2-18 展开的"查找和替换"对话框

③如果要替换无格式的文本，先在"查找内容"组合框中选择或输入查找内容，再在"替换为"组合框中选择或输入替换的内容。

④单击"查找下一处"按钮，找到第1个查找对象，再单击"替换"按钮，开始替换，并自动查找下一处并选定。如果需要全部替换，直接单击"全部替换"按钮。如果在操作中只单击"查找下一处"按钮，则只实现查找操作。

做一做 BANGONG RUANJIAN YINGYONG
ZUOYIZUO

将"工作计划"文档中的"长生大酒楼"快速替换为"长生酒店"。

▶ 自我测试

（1）填空题

①设置文本格式可以通过选项卡工具按钮和＿＿＿＿＿＿＿对话框完成文本格式设置。

②可以通过工具按钮栏和＿＿＿＿＿＿＿对话框完成段落格式设置。

③WPS 2021文档窗口的左边空白区域，称为选定栏，其作用是选定文本，典型的操作有：当鼠标指针位于选定栏，单击左键，则＿＿＿＿＿＿＿＿＿＿＿＿＿＿＿＿＿；双击左键，则＿＿＿＿＿＿＿＿＿＿＿＿＿＿＿；3击左键，则＿＿＿＿＿＿＿＿＿＿＿＿＿＿＿。

（2）选择题

①启动WPS 2021时，默认的空白文档名称是（　　）。

A.新文档.docx　　　　　　　　　　B.文字文稿1.docx

C.我的文档.docx　　　　　　　　　D.文档1.docx

②在WPS 2021文字文稿窗口中，下列操作不能创建新文档的是（　　）。

A.单击"文件"→"文件"→"新建"菜单

B. 选择"快速访问工具栏"下拉列表中的"新建"命令

C.按<Ctrl>+<N>组合键

D.单击"开始"选项卡的"新建"按钮

③WPS 2021文字文稿的默认扩展名是（　　）。

A.wps　　　　　　B.word　　　　　　C.docx　　　　　　D.txt

④在WPS 2021文字文稿编辑状态下，当前输入的文字显示在(　　)。

A.鼠标光标处　　　B.插入点　　　C.文件尾部　　　D.当前行尾部

⑤在WPS 2021文字文稿中，选中某段文字，然后两次单击"开始"选项卡中的"倾斜"按钮I，则（　　）。

A.产生错误　　　　　　　　　　　B.这段文字向左倾斜

C.这段文字向右倾斜　　　　　　　D.这段文字的字符格式不变

⑥在WPS 2021文字文稿中，每个段落（　　）。

A. 以按Enter键结束　　　　　　　B. 以句号结束

C. 以空格结束　　　　　　　　　　D.由WPS自动结束

⑦在WPS 2021文字文稿中，要把多处同样的错误一次更正，正确的方法是（　　）。

A.用插入光标逐字查找，先删除错误文字，再输入正确文字

B.使用"开始"选项卡中"查找替换"列表中的"替换"命令

C.使用"撤消"与"恢复"命令

D.使用“定位”命令

⑧在WPS 2021文字文稿编辑状态下，进行字体效果的设置(如上、下标等)，先应打开（　　）。

A.“文件”选项卡　　B.“开始”选项卡

C.“插入”选项卡　　D.“页面布局”选项卡

⑨在WPS 2021文字文稿中，选定一矩形区域的操作是（　　）。

A.先按住Alt键，再拖动鼠标　　B.先按住Ctrl键，再拖动鼠标

C.先按住Shift键，再拖动鼠标　　D.先按住Alt+Shift键，再拖动鼠标

⑩（　　）可以关闭WPS。

A.双击标题栏左边的“首页”

B.单击文档标题右边的“关闭”按钮“×”

C.单击“文件”菜单中的“关闭”命令

D.单击“文件”菜单中的“退出”命令

（3）实作题

①启动WPS 2021，新建一个空白文字文稿，观察窗口的组成。

②拟订一份新学期的打算。

③制作下图2-19所示的活动策划书。

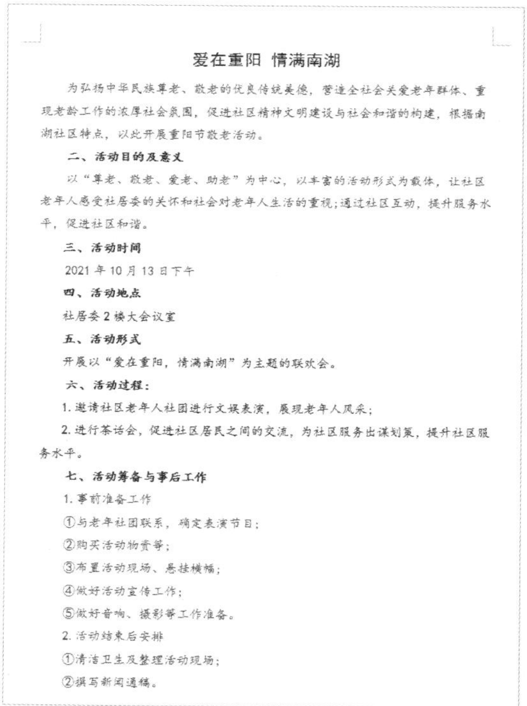

爱在重阳 情满南湖

为弘扬中华民族尊老、敬老的优良传统美德，营造全社会关爱老年群体、重现老龄工作的浓厚社会氛围，促进社区精神文明建设与社会和谐的构建，根据南湖社区特点，以此开展重阳节敬老活动。

二、活动目的及意义

以“尊老、敬老、爱老、助老”为中心，以丰富的活动形式为载体，让社区老年人感受社居委的关怀和社会对老年人生活的重视;通过社区互动，提升服务水平，促进社区和谐。

三、活动时间

2021 年 10 月 13 日下午

四、活动地点

社居委 2 楼大会议室

五、活动形式

开展以“爱在重阳，情满南湖”为主题的联欢会。

六、活动过程：

1. 邀请社区老年人社团进行文娱表演，展现老年人风采；

2. 进行茶话会，促进社区居民之间的交流，为社区服务出谋划策，提升社区服务水平。

七、活动筹备与事后工作

1. 事前准备工作

①与老年社团联系，确定表演节目；

②购买活动物资等；

③布置活动现场、悬挂横幅；

④做好活动宣传工作；

⑤做好音响、摄影等工作准备。

2. 活动结束后安排

①清洁卫生及整理活动现场；

②撰写新闻通稿。

图 2-19　爱在重阳　情满南湖

[任务二]
制作公司宣传页

任务概述

在日常工作中，为了更好地宣传公司形象，需要制作一些公司的宣传页。作为宣传资料要突出主题，注重视觉效果，以便给人留下深刻的印象，从而达到好的宣传效果。宣传页内容一般包括公司的概况、业务范围和联系方式等，通常插入一些与文字相匹配的图片，对文字内容进行支撑和增强视觉冲击力，力求简洁明了，美观大方。

利用WPS 2021的基本排版和图文混排功能，可以很方便地制作如图2-20所示"长生大酒楼宣传页"。

图 2-20 "长生大酒楼宣传页"效果图

制作向导

通过对本宣传页进行分析，得出如下制作思路：

（1）创建一个新文档，并保存；

（2）进行页面设置；

（3）插入宣传页顶端的图片，并调整大小及位置；

（4）利用艺术字添加公司名称；

（5）添加"公司概况"相关文本，并设置格式；

（6）添加"联系方式"相关文本；

（7）插入其他图片，并调整大小、环绕方式和位置；

（8）利用文本框添加图片文字；

（9）设置页眉、页脚。

制作步骤

1.创建新文档，并保存

（1）启动WPS 2021，新建一个空的文字文稿。

（2）保存文件为"长生大酒楼宣传页.docx"。

2.设置宣传资料的页面

（1）选择"页面布局"选项卡，在"纸张大小"下拉列表中选择"A4"选项，或单击"其它页面大小"，弹出"页面设置"对话框，如图2-21所示。

（2）选择"页面布局"选项卡，在"页边距"下拉列表中选择"自定义边距"选项。在打开的"页面设置"对话框中，将页面设置"上下左右"边距设置为2.5厘米，如图2-22所示。

图 2-21 设置纸张大小

图 2-22 设置页边距

（3）单击"确定"按钮，关闭对话框。

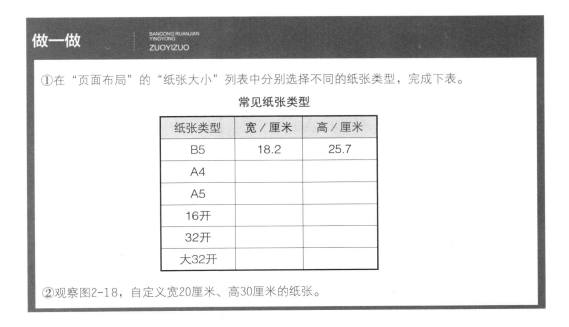

①在"页面布局"的"纸张大小"列表中分别选择不同的纸张类型，完成下表。

常见纸张类型

纸张类型	宽／厘米	高／厘米
B5	18.2	25.7
A4		
A5		
16开		
32开		
大32开		

②观察图2-18，自定义宽20厘米、高30厘米的纸张。

3.插入顶端图片，并调整其大小和位置

（1）将光标定位在编辑窗口首行。

（2）在"插入"选项卡的"图片"列表中的"本地图片"按钮 ⊠ 本地图片(P)，弹出图2-23所示"插入图片"对话框。

图2-23 "插入图片"对话框

（3）选择要插入的图片文件，单击"打开"按钮，关闭对话框。图片插入到文档中，如图2-24所示。

图 2-24　插入图片后的效果

（4）选中图片，单击"图片工具"选项卡，如图2-25所示。

图 2-25　"图片工具"选项卡

图 2-26　"布局"对话框

（5）单击"图片"工具选项卡中的"大小和位置"按钮⌐，弹出"布局"对话框，设置其高度和缩放比例，如图2-26所示。注意：取消勾选"锁定纵横比"。

（6）单击"确定"按钮，关闭对话框，完成对图片大小的调整，效果如图2-27所示。

4.利用艺术字添加公司名称

（1）取消图片选中状态，将光标定位到图片下面一行的开始位置。

图 2-27　大小调整后的效果

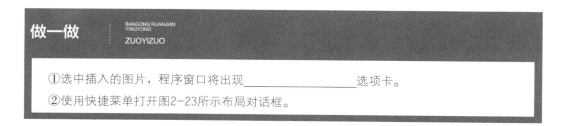

做一做　BANGONG RUANJIAN YINGYONG　ZUOYIZUO

①选中插入的图片，程序窗口将出现_____选项卡。

②使用快捷菜单打开图2-23所示布局对话框。

（2）在"插入"选项卡的"艺术字"下拉列表中选择图2-28所示样式，弹出编辑艺术字框，如图2-29所示。

图 2-28　艺术字样式

图 2-29　编辑"艺术字"

（3）输入"长生大酒楼"，在"开始"→"字体"组中，设置字体为"华文新魏"，字号为"48号"，将文本填充颜色设置为"黄色"，效果如图2-30所示。

图 2-30　插入艺术字后的效果

（4）选中插入的艺术字，单击右侧"布局选项"按钮，单击"浮于文字上方"，如图2-31所示。将鼠标指到上方的控制点"⟳"拖动可以旋转艺术字，如图2-32所示；将鼠标指针移到控制点上呈双箭头时拖动，可改变其大小，如图2-33所示。

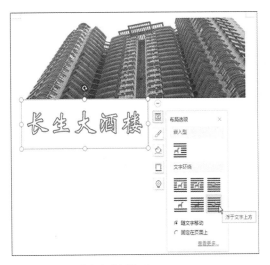

图 2-31　设置艺术字布局选项

图 2-32　旋转艺术字

图 2-33　调整艺术字大小

（6）将艺术字拖放到图2-34所示位置。

图 2-34　调整艺术字位置后的效果

5.添加"公司概况"相关文本，并设置格式

（1）将光标定位到图片之后，单击回车键，输入"公司概况"及相关文本。

（2）选中输入的文本，设置格式为"宋体""四号"，如图2-35所示。

> 公司概况
>
> 长生大酒楼建于 2005 年 5 月，拥有客房 580 间，餐位 600 多个，大小会议室 8 个，达到三星级酒店标准。酒店除有豪华标准间、套房和多个风格各异的餐厅外，还有娱乐及商务设施等。
>
> 长生大酒楼地处重庆市茶园新城，邻接风景优美的南山风景区，距重庆市中心解放碑约 15 分钟车程，交通十分便利，是商务、休闲客人的最佳选择。我们的员工以"顾客至上、宾至如归"为服务宗旨，以优秀的建筑、完善的设施、精美可口的佳肴、一流的服务，让您尽享出行的舒适和温馨。

图 2-35　添加公司简介及相关文字

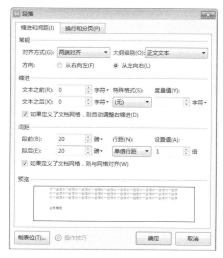

图 2-36　设置"段间距"

（3）选中"公司概况"文本，在其"段落"对话框将"段前"和"段后"列表中的值设为"20磅"，如图2-36所示，单击"确定"按钮。

（4）选择"开始"选项卡，单击项目符号按钮 ，选择如图2-37所示项目符号。

（5）选择"页面布局"选项卡，单击页面边框按钮 ，切换到"底纹"选项卡，对话框中的"底纹"页面，在"填充"选项组中选择"灰度-20%"，如图2-38所示，单击"确定"按钮，效果如图2-39所示。

图 2-37 "项目符号和编号"对话框

图 2-38 "边框和底纹"对话框

图 2-39 添加项目符号和底纹后的效果

（6）选中"公司概况"中的其他文本，单击"开始"中的"段落"按钮 ⌐，在弹出的"段落"对话框中将"首行缩进"设置为"2"字符，单击"确定"按钮。

6.添加联系方式，并用格式刷复制格式

（1）在文本编辑区中输入"联系方式"相关文本。

（2）选中"公司概况"一行文字，然后单击"开始"选项卡中的"格式刷"按钮 ，鼠标指针变成"▲I"状，用拖动方式选中"联系方式"文本，此时就会复制出与"公司概况"完全一致的格式。

（3）用同样的方法设置"联系方式"及相关文本的格式，效果如图2-40所示。

图 2-40 设置文本格式后的效果

友情提示 BANGONG RUANJIAN YINGYONG YOUQINGTISHI

◆如果双击选中"格式刷"按钮，可以连续多次重复地使用"格式刷"，能对文档中的多个段落进行相同的格式设置，再次单击"格式刷"按钮，即可释放格式复制功能。

7.插入其他图片，并设置格式

（1）在编辑区适当位置插入图片。

（2）将图片的"高度"和"宽度"分别设置为"3.2厘米"和"4.2厘米"。

（3）选中图片，在"图片工具"选项卡中"环绕"列表中选择"四周型环绕"。

（4）拖动图片到文本中图2-41所示位置。

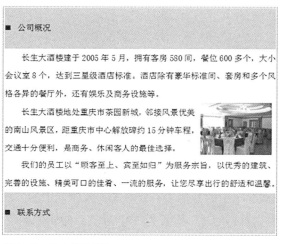

图 2-41　插入其他图片

8.用文本框添加图片上的文字

（1）取消图片选中状态。

（2）在"插入"选项卡中的"文本框"列表中选择 "横向"，选择"文本框"按钮 A 下的"绘制文本框"命令，如图2-42所示。将鼠标指针指到"联系方式"下面空白处，并向右下方拖动鼠标，绘制一个文本框。

图 2-42　绘制文本框

（3）在绘制的文本框中单击鼠标，将光标定位在文本框中，输入文本"餐厅"，如图2-43所示。

图 2-43　在文本框中输入文本

（4）右击文本框，打开属性面板，在"属性"面板中将"形状填充"和"形状轮廓"均设置为"无"，效果如图2-44所示。

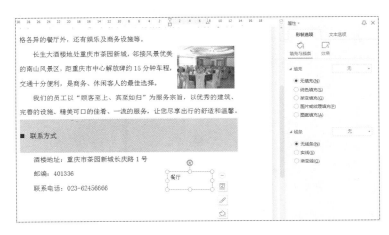

图 2-44　设置文本框的"颜色与线条"

（5）选中文本框，在"绘图工具"选项卡中的"环绕"下拉列表中选择"浮于文字上方"，单击"确定"按钮。

（6）选中文本框中的文本，将字体设置为"华文新魏"，大小为"二号"，颜色为"红色"。

（7）将鼠标指针移到文本框的控制点上，鼠标指针将呈↕ ↔ ↘ ↗ 形状，拖动鼠标，调整文本框的大小，使文本框与文字大小相匹配。

（8）将文本框拖放到对应的图片上，效果如图2-17所示。

做一做　BANGONG RUANJIAN YINGYONG ZUOYIZUO

选中一个绘制的文本框，用绘图工具中的"格式"组的按钮设置其格式。

9.设置页眉页脚

页眉和页脚分别位于文档页面的顶部和底部的页边距中，可以用来插入标题、页码、日期等文本信息，也可以用来插入公司徽标或名称等图形、文本或称号。只有在"页面视图"中才能显示页眉和页脚。

（1）单击"插入"选项卡中的"页眉和页脚"，此时，页眉处于编辑状态，如图2-45所示。

图 2-45　页眉编辑状态

（2）在页眉中输入"长生大酒楼欢迎您的光临"，设置为"小四""居中"，在"页眉页脚"选项卡的"页眉横线"下拉列表中选择细实线，效果如图2-46所示。

图 2-46　设置页眉

（3）单击"页眉页脚"选项卡中的"页眉页脚切换"按钮，切换到"页脚"编辑状态。

（4）单击"页眉页脚"选项卡中的"日期和时间"按钮，弹出如图2-47所示对话框，选择日期格式，并勾选"自动更新"，单击"确定"按钮，并设置为"右对齐"，如图2-48所示。

图 2-47　日期和时间对话框　　　　图 2-48　设置页脚效果

（5）单击"关闭页眉和页脚"按钮 ⊠ 关闭，退出页眉和页脚编辑状态。

（6）保存并退出WPS 2021。

知识窗
BANGONG RUANJIAN YINGYONG
ZHISHICHUANG

（1）设置首字下沉

在报刊排版过程中，有时可以将段落开头的第一个或若干个字母、文字变成大号，并以下沉或悬挂方式改变文档的版面效果，以引起读者的注意，称之为首字下沉。

具体操作步骤如下：

①使用"视图"选项卡或文本编辑区右下角的切换按钮将文档切换到页面视图模式。

②将光标定位在需要设置首字下沉的段落中，或选中开头的几个字母。

③单击"插入"选项卡中的"首字下沉"按钮 A≡ 首字下沉，弹出如图2-49所示对话框。

图 2-49 "首字下沉"对话框

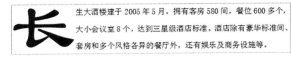

图 2-50 "下沉"效果

图 2-51 "悬挂"效果

④在对话框中设置首字下沉的"位置""字体""下沉行数"和"距正文"等选项。

⑤单击"确定"按钮，关闭对话框，即可完成首字下沉的设置操作，示例效果如图2-50、图2-51所示。被设置为首字下沉的文字或字母实际上已被转换成一个文本框。

（2）分栏

在WPS文档的排版中有时为了便于内容的编排，会使用到"分栏"功能，操作方法如下：

①选中要进行分栏的段落。

②选择"页面布局"选项卡中的"分栏"下拉列表中的"更多分栏",弹出如图2-52所示对话框。

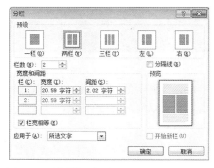

图2-52 "分栏"对话框

③完成设置后,单击"确定"按钮。

（3）视图

WPS 2021常用视图模式有全屏显示、阅读版式、页面、大纲、Web版式5种,可以通过"视图"选项卡的"视图"按钮进行切换。

页面视图是WPS文字的默认视图方式,可以显示文档的打印外观,主要包括页眉、页脚、图形对象、分栏设置、页面边距等元素,是最接近打印结果的视图方式。

全屏显示是WPS文字用来在整个Windows显示器上完整呈现文档,适合在演示汇报的时候进行查看,也可以在阅读文档的时候使用,整个系统只显示文档。

大纲视图主要用于WPS文字文档结构的设置和浏览,使用大纲视图可以迅速了解文档的结构和内容梗概。

Web版式视图通过网页的形式显示WPS文字文档,适用于发送电子邮件和创建网页。

做一做
BANGONG RIJANJIAN
YINGYONG
ZUOYIZUO

使用"分栏",进行下图2-53所示版式设置。说明:均分为两栏,并设置分隔线。

长生大酒楼建于 2005 年 5 月,拥有客房 580 间,餐位 600 多个,大小会议室 8 个,达到三星级酒店标准。酒店除有豪华标准间、套房和多个风格各异的餐厅外,还有娱乐及商务设施等。

图2-53 设置分栏

► 自我测试

（1）填空题

①在WPS 2021的当前文档中，可以使用"插入"选项卡的 "_____"按钮添加图片。

②选中插入的艺术字，可设置其_____、_____和字形。

（2）选择题

①在WPS 2021编辑状态下，绘制一文本框，应使用的选项卡是（　　）。

A.插入　　　　　　B.表格　　　　　　C.编辑　　　　　　D.工具

②关于WPS 2021中的文本框，下面说法不正确的是（　　）。

A.文本框的类型只有横排和竖排两种类型

B.通过改变文本框的文字方向可以实现横排和竖排的转换

C.在文本框中可以插入图片

D.文本框可以自由旋转

③WPS 2021中，在"插入"→"形状"按钮中选择矩形，按住（　　）键的同时，拖动鼠标可画出正方形。

A. Alt　　　　　　B.Tab　　　　　　C.Shift　　　　　　D. Ctrl

④下面关于WPS文档中"分栏"的说法，不正确的是（　　）。

A.可以将一段文字分成多栏

B.可以通过"页面布局"→"分栏"按钮实现

C.可以调整各栏的"宽度""栏距"

D."分栏"效果只能应用于整个文档，而不能应用于部分段落

⑤将其他软件环境中制作的图片复制到当前WPS文档,下列说法正确的是（　　）。

A.不能将其他软件中制作的图片复制到当前WPS文档中

B.可以通过剪贴板将其他软件中制作的图片复制到当前WPS文档中

C.先在屏幕上显示要复制的图片,打开WPS文档时便可以将图片复制到文档中

D.打开WPS文档,然后直接在WPS环境下显示要复制的图片

⑥在WPS 2021中，插入的图片，默认的环绕方式是（　　）。

A.嵌入型　　　　　B.四周型　　　　　C.浮于文字上方　　　　D.衬于文字下方

⑦WPS 2021中，首字下沉可以通过（　　）选项卡实现。

A.开始　　　　　　B.插入　　　　　　C.页面布局　　　　　D.引入

⑧在WPS 2021编辑环境中，不可以对（　　　）进行编辑。

A.艺术字　　　　　　　　　　B.文本框中的文字

C.图片中的文字　　　　　　　D.表格中的文字

⑨下列视图方式中，可以显示出页眉和页脚的是（　　　）。

A.普通视图　　　　　　　　　B.页面视图

C.大纲视图　　　　　　　　　D.全屏视图

（3）实作题

①设计如图2-54所示的奖状。

提示：四角插入素材图片"半个框架"图形；中间五星为形状填充；设置文档背景的填充颜色为"渐变""双色"。

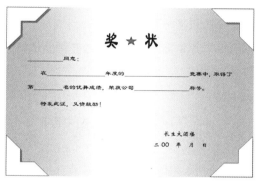

图 2-54　奖状

②制作图2-55所示的个人简历封面。

提示：封面中央的图片为剪贴画，由WPS 2021程序提供，文件名为"J0292020.wmf"，如果要搜索磁盘中的其他剪贴画文件，可以"*.wmf"为关键字进行搜索即可。

图 2-55　简历

③根据所给素材，制作以下版面。

图 2-56　端午节介绍

[任务三]

制作名片

任务概述

　　名片是标示姓名及其所属组织、公司单位和联系方法的纸片。名片是新朋友互相认识、自我介绍的快捷有效方法。交换名片是商业交往的第一个标准官式动作。在商务活动中，名片代表的不仅是个人形象，也是公司形象。通过WPS 2021插入形状、文本框和屏幕截图功能能快速地制作如图2-57所示名片。

制作向导

　　通过分析以上名片，可以巧妙地

图 2-57　名片

通过绘制图形，再设置其格式，从而完成制作。制作思路如下：

（1）新建空白文档；

（2）绘制矩形框；

（3）设置背景颜色；

（4）插入椭圆形状；

（5）插入公司标志，并设置格式；

（6）插入文本框，输入名片信息；

（7）新建一个WPS文档；

（8）绘制表格；

（9）截图插入表格，并复制。

制作步骤

1.新建WPS文档

（1）启动WPS 2021，新建一个名为"文字文稿1"的空白文字文稿。

（2）保存文件为"名片.docx"。

2.绘制矩形框

图2-58 绘制矩形

（1）单击"插入"选项卡的"形状"下拉列表中的"矩形"按钮，如图2-58所示。

（2）绘制矩形图形，在"绘图工具"选项卡中设置矩形的高5.5厘米，宽9厘米，如图2-59所示。

3.设置背景颜色

（1）右击图形，在快捷菜单中选择"设置对象格式"命令，打开"属性"面板，如图2-60所示。

（2）选择"渐变填充"，角度200，颜色"巧克力黄，着色2，深色25%"，位置3%，亮度-30%，如图2-61所示。

4.插入椭圆形状

在矩形上方插入椭圆形状，设置椭圆"轮廓"为无轮廓，"填充"为"橙色，着色4，深色25%"；透明度为70%，效果如图2-62所示。

5.插入公司标志

（1）单击"插入"选项卡中"图片"列表中的"本地

图片"按钮，弹出"插入图片"对话框，选中公司标志，单击"打开"按钮，如图2-63
所示。

图 2-59　设置矩形大小　　　　　　　　图 2-60　设置形状填充

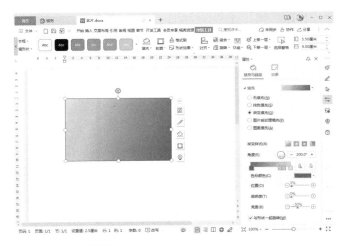

图 2-61　设置形状格式

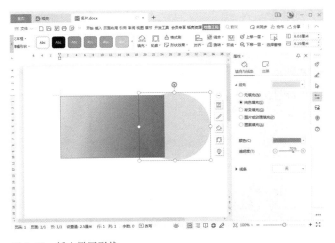

图 2-62　插入椭圆形状

图 2-63　插入图片

（2）选中插入的公司标志图片，设置环绕格式为"浮于文字上方"。在"属性"面板的"效果"选项卡中设置"柔化边缘"大小为10磅，并拖动片到如图2-64所示位置。

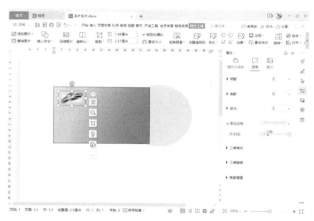

图 2-64　柔化边缘椭圆

6.插入文本框，输入名片信息

在形状矩形中绘制文本框，设置无填充，设置边框线条样式。输入名片信息，并设置字体字号等，效果如图2-65所示。

图 2-65　输入名片信息

7.新建文档

新建一个WPS文档，将"页边距"设置为"窄"，如图2-66所示，保存为"名片打印"。

8.插入表格

（1）插入一个表格，为方便名片的长宽，表格为四行两列，如图2-67所示。

图 2-66　新建 WPS 文字文稿

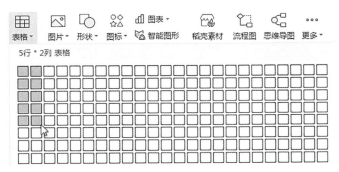

图 2-67　插入表格

（2）全选表格，修改表格的长宽，单元格高5.5厘米，宽9厘米，如图2-68所示。

（3）在"单元格"选项卡下，设置表格单元格边距，如图2-69所示。

图 2-68　修改单元格的高宽

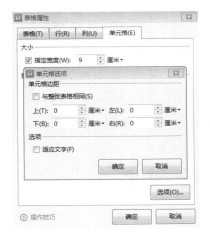

图 2-69　设置单元格边距

9.截图插入表格，并复制

（1）打开"名片.docx"文档，使用"插入"选项卡的中的"截屏"命令，如图2-70所示，将截图放到剪贴板。

图 2-70　使用截图功能

（2）将光标定位到第一个单元格中，使用粘贴命令，将做好的名片截图放入单元格中。复制图片到每一个单元格，效果如图2-71所示。

图 2-71　名片效果

▶ 自我测试

（1）填空题

①单击"文件"→"_____"命令，可以建立空文档。

②使用"_____"→"_____"组中的"_____"按钮，可以为文档设置边框。

③使用"插入"→"＿＿＿"→"＿＿＿＿＿"可以进行屏幕截图。

④选中图片后，可以使用"＿＿＿＿＿＿"选项卡中的按钮设置图形格式。

⑤在WPS文档中，选中多个图片的方法是：按住＿＿＿＿＿键不放，再单击要选中的对象。

⑥在WPS文档中，当选中了多个图形后，可使用快捷菜单中的＿＿＿＿＿命令，将它们形成一个整体。

（2）实作题

①完成本任务中名片的制作。

②用模板和不使用模板两种方式为自己设计一张名片。

③使用"插入"选项卡的"形状"列表，制作如图2-72所示的"五处理论"版式。

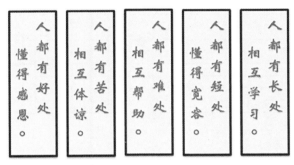

图2-72　五处理论

④使用"页面布局"的"稿纸设置"按钮，制作图2-73所示的稿纸。

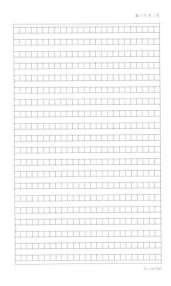

图2-73　稿纸设置

［任务四］

制作报销凭证

任务概述

在日常财务管理工作中，财务票据是非常重要的记账凭证和依据。作为一个单位的财务人员，会经常接触和使用各种财务票据。一般的财务票据是可以购买到的，而包含特殊格式和栏目的票据只能根据本单位的实情来设计和绘制。

本任务利用WPS 2021的表格处理能力，制作如图2-74所示的"费用报销单"，从而学习插入、绘制和编辑表格。

图 2-74　费用报销单

制作向导

制作任何表格，必须先设计出表格样本（或草图），表格水平为行，竖为列；本报销凭证8行，3大列，其中第3列又分为9列。

通过对以上报销单的分析，得出如下制作思路：

（1）创建一个新文档，设置页面大小，并保存；

（2）输入表格标题及相关文本；

（3）插入一个规则表格；

（4）设置表格的行高和列宽；

（5）利用"绘制表格"工具拆分单元格；

（6）利用"擦除"工具合并单元格；

（7）添加表格中的文字；

（8）设置单元格的对齐方式；

（9）设置表格标题及其他文本格式。

制作步骤

1.创建一个新文档，设置页面，并保存文档

（1）启动WPS 2021，创建一个空白文字文稿。

（2）将纸张大小设置为"B5"，上下左右边距均为"4厘米"，方向为"横向"。

（3）以"费用报销单.docx"为名保存。

2.输入表格标题及相关文本

（1）选择输入法，在文档窗口的第1行输入表格

（2）在标题后击回车键，输入"年 月 日 附

3.插入一个规则表格

（1）击回车键，将光标移到下一行。

（2）在"插入"选项卡的"表格"下拉列表中，单击"插入表格"按钮 ，弹出"插入表格"对话框。

（3）在该对话框中，设置"列数"和"行数"，其他项保持不变，如图2-76所示。

费用报销单
年 月 日 附单据 张

图 2-75 输入标题及相关文本　　　　图 2-76 "插入表格"对话框

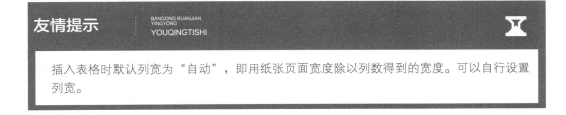

友情提示　BANGONG RUANJIAN YINGYONG　YOUQINGTISHI

插入表格时默认列宽为"自动"，即用纸张页面宽度除以列数得到的宽度。可以自行设置列宽。

（4）单击"确定"按钮，即可在文档的当前光标处插入一个"8行×3列"的规则表格，效果如图2-77所示。

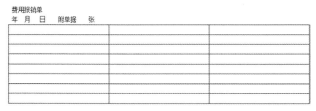

图 2-77 插入的规则表格

单击"插入"选项卡中的"表格",系统将在下拉列表中弹出一网格显示框。在网格显示框内向右向下拖动鼠标,以橙色方格突出显示要创建的表格的行数和列数,如图2-78所示。当达到所需要的行数和列数时,释放鼠标,WPS将在光标所在位置插入一个规则的空表。

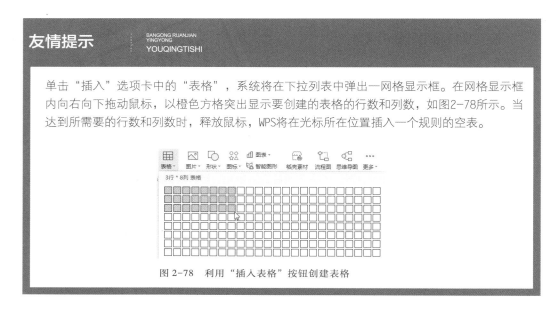

图 2-78 利用"插入表格"按钮创建表格

4.设置表格的行高和列宽

(1)右击表格任意单元格,单击快捷菜单中"全选表格"命令,选中整个表格,效果如图2-79所示。

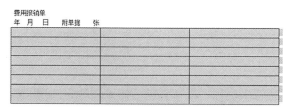

图 2-79 选中整个表格

◆在WPS中,还可用以下方法快速选中整个表格。

①将I形鼠标指针移到表格中,表格的左上角将出现一个田形状的符号,单击该符号,可以快速选中整个表格。

②按住Alt键的同时单击表格中的任意位置也可以快速选中整个表格。

（2）单击"表格工具"的"表格属性"按钮  表格属性，弹出"表格属性"对话框。

（3）在该对话框中，切换到"行"页面，选中"指定高度"选项前的复选框，并设置其参数为"0.8厘米"，如图2-80所示。

（4）单击"确定"按钮，效果如图2-81所示。

图2-80 "表格属性"对话框

图2-81 设置行间距后的表格

（5）将鼠标移到第1列的上边框，指针呈 ↓ 时，单击选定第1列，如图2-82所示。

（6）在"表格属性"对话框中切换到"列"页面，选中"指定列宽"选项前的复选框，并设置其参数为"4厘米"；单击"后一列"按钮，选中第2列，设置列宽为"7厘米"；再单击"下一列"按钮，选中第3列，设置列宽为"7厘米"，效果如图2-83所示。

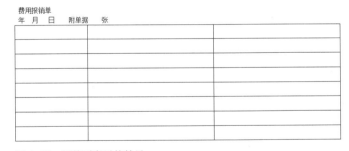

图2-82 选中表格第1列

图2-83 调整列宽后的效果

友情提示
BANGONG RUANJIAN YINGYONG
YOUQINGTISHI

◆利用下列方法可以灵活地选择表格中的任意部分。

①将鼠标移到行首的空白处，指针呈 ↗ 时，单击可选定整行；将鼠标移到列的上边框，指针呈 ↓ 时，单击可选定整列。

②将鼠标指针移到单元格的左下角，当指针呈 ↗ 状时，单击可选中该单元格；双击可选中单元格所在行。

③选中第1个单元格，再按住Shift键，单击最后一个单元格，将选定一个连续的单元格区域。

④按住Ctrl键的同时，双击单元格，可以选中不连续的单元格区域。

5.利用"绘制表格"工具拆分单元格

（1）将光标移到表格中，在"表格样式"选项卡中单击"绘制表格"按钮，如图2-84所示，鼠标指针自动变成 $\emptyset$ 形状。

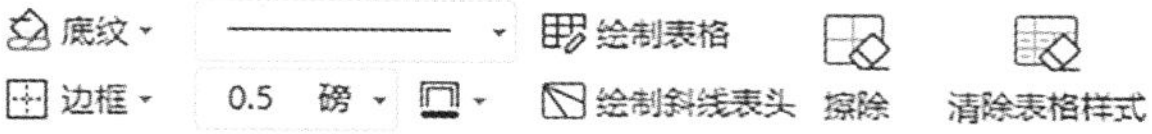

图 2-84 "绘制表格"工具按钮

（2）将鼠标指针移到表格的第2行的第3个单元格中，然后向下拖动鼠标，如图2-85所示。当达到最后1行，释放鼠标，第3列被分为两列，效果如图2-86所示。

图 2-85 利用工具按钮拆分单元格

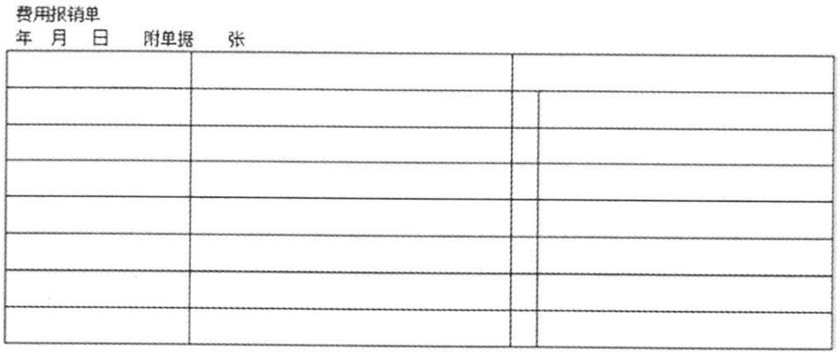

图 2-86 单元格拆分效果

（3）利用同样的方法，将表格拆分为如图2-87所示的效果。

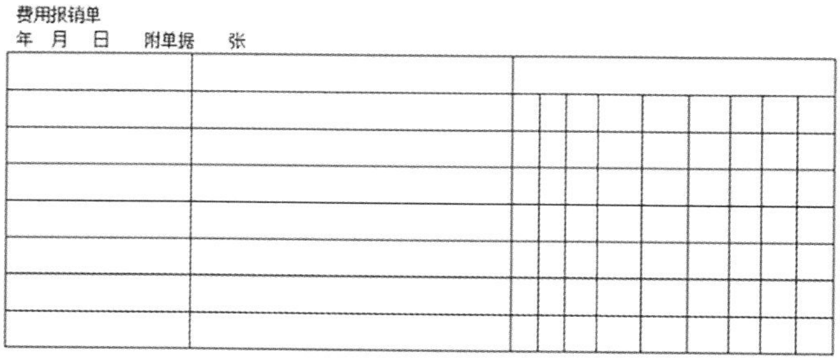

图 2-87 表格最后一列拆分后的效果

（4）再次单击单击"绘图边框"组中的"绘制表格"按钮 ，释放该工具按钮。

（5）选中拆分后的所有列，如图2-88所示。

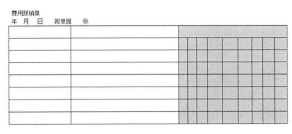

图 2-88　选中拆分后的前 6 行

（6）单击"表格工具"选项卡中"自动调整"下拉列表的"平均分布各列"命令或使用快捷菜单"自动调整"中"平均分布各列"命令，效果如图2-89所示。

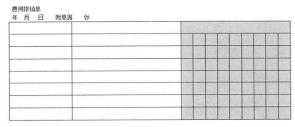

图 2-89　平均分布各列的效果

6.利用"擦除"工具合并单元格

（1）选择"表格工具"选项卡中"擦除"按钮 ，或使用"表格样式"选项卡中的"擦除"按钮 ，鼠标指针将自动变成 状。

（2）将 状指针移到表格的第1个单元格下边的竖线上，并在线上单击并拖动，即可删除该横线，如图2-90所示。

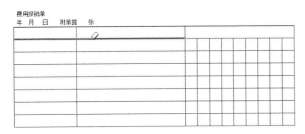

图 2-90　用"擦除"工具合并单元格

（3）利用同样的方法，将表格的最后一行的第1个单元格右边的竖线擦除，效果如图2-91所示。

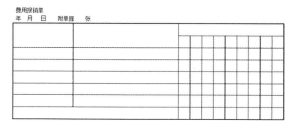

图 2-91 合并单元格后的效果

做一做

BANGONG RUANJIAN
YINGYONG
ZUOYIZUO

使用"表格样式"选项卡中的工具按钮，将表格的外框线和部分单元格边框线粗细设置为"1.5磅"，效果如图2-92所示。

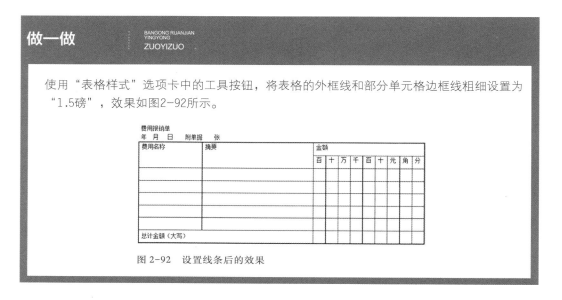

图 2-92 设置线条后的效果

7.添加表格中的文字

（1）将鼠标指针移动到表格的相应单元格，单击鼠标，即可将光标定位在该单元格中。

（2）选择输入法分别在单元格中输入相应的文字，效果如图2-93所示。在表格中移动光标可以通过光标控制键←、↑、↓、→来完成。

图 2-93 添加文字后的效果

友情提示　　BANGONG RUANJIAN YINGYONG　YOUQINGTISHI

◆表格中移动光标的快捷键如下：

快捷键	功　能
Tab	光标移到同行的下一个单元格
Shift	光标移到同行的前一个单元格
Alt+Home	光标移到前一行的第一个单元格
Alt+End	光标移到当前行最后一个单元格
Alt+PgUp	光标移到表格的第一行
Alt+PgDn	光标移到表格的最后一行

8.设置单元格的对齐方式

（1）选中整个表格。

（2）单击"开始"选项卡中的"居中"按钮，使表格在页面中间对齐。

（3）单击"表格工具"选项卡中"对齐方式"组中的"水平居中"按钮 ，如图2-94所示。

（4）输入表格中文字，调整表格部分单元格对齐方式，并通过插入空格、调整文字间距，效果如图2-95所示。

图 2-94　设置单元格
"水平居中"

图 2-95　调整对齐方式后的表格

9.设置表格标题及其他文本格式

（1）选中标题文字，通过"开始"选项卡中的工具栏将其设置为"宋体""小二号"，单击选中"加粗"按钮B"下划线"按钮U和"居中"按钮三，并在两字间插入空格。用同样的方法设置表格中其他文本的格式。

（2）设置"年 月 日 附单据 张"文本"右对齐"。

（3）在表格下方输入主管、会计、复核和报销人，并设置格式和调整位置，效果如图2-74所示。

（4）保存并退出WPS 2021。

知识窗 BANGONG RUANJIAN YINGYONG ZHISHICHUANG

（1）插入特殊符号

单击"插入"选项卡中的"符号"按钮，或在下拉列表中选择"其他符号"命令，弹出"符号"对话框，如图2-96示。在"符号"或"特殊字符"中，选择"字体"及"子集"列表中的选项，窗口中会显示不同的符号，选中"¥"，单击"插入"按钮，即可将符号插入到光标所在位置，单击"关闭"按钮。

图2-96 "符号"对话框

（2）运用表格自动套用格式

①插入一个6列8行的规则表格，如图2-97所示。

②选中整个表格。

③在"表格样式"选项卡中选择"主题样式1-强调6"，如图2-98所示。表格套用格式后效果如图2-99所示。

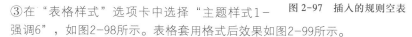

图2-97 插入的规则空表

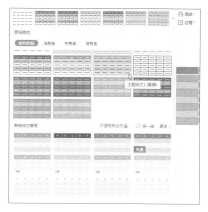

图2-98 "表格自动套用格式"对话框

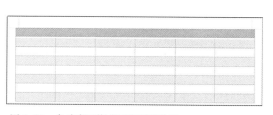

图2-99 自动套用格式后的表格效果

知识链接

BANGONG RUANJIAN YINGYONG

ZHISHILIANJIE

中华人民共和国财政部令第70号《财政票据管理办法》第三章财政票据的监（印）制第十条、第十二条规定：财政票据由省级以上财政部门按照管理权限分别监（印）制；省级以上财政部门应当按照国家政府采购有关规定确定承印财政票据的企业，并与其签订印制合同。财政票据印制企业应当按照印制合同和财政部门规定的式样印制票据。禁止私自印制、伪造、变造财政票据。

▶ 自我测试

（1）填空题

①在WPS文档中制作表格可以使用的方法有两种，即：_____和绘制表格。

②将光标移到表格内，可使用"_____"和"_____"选项卡中的工具对表格进行编辑修改。

③可以使用"_____"选项卡在WPS文档中插入特殊符号。

④调整表格的行高和列宽可以用快捷菜单，也可用拖动_____的方法进行，不同的是使用菜单能更精确地设置。

⑤拆分选定的单元格，可以使用"表格工具"选项卡中的"拆分单元格"工具，也可以使用快捷菜单中的"_____"命令完成；合并选定的单元格区域，可以使用"表格工具"选项卡中的"合并单元格"工具，也可以使用"表格样式"选项卡的"擦除"工具，还可以使用快捷菜单中的"_____"命令。

⑥在WPS 2021中，表格自动套用格式使用_____选项卡完成。

（2）选择题

①在WPS 2021编辑状态下，若光标位于表格外右侧的行尾处，按Enter(回车)键，结果（   ）。

A.光标移到下一列　　　　　　　B.光标移到下一行，表格行数不变

C.插入一行，表格行数改变　　　D.在本单元格内换行，表格行数不变

②在WPS 2021中编辑表格时,按（   ）组合键,可以将光标移到前一个单元格。

A.Tab　　B.Shift+Tab　　C.Ctrl+Tab　　D.Alt+Tab

③当前插入点在表格中某行的最后一个单元格内，按“Enter”键后可以使（　　）。

A.插入点所在的行加宽　　B.插入点所在的列加宽

C.插入点下一行增加一行　　D.对表格不起作用

④在WPS的编辑状态下，选择了整个表格，执行了“表格工具”选项卡中的“删除”列表中的“表格”命令，则（　　）。

A.整个表格被删除　　B.表格中一行被删除

C.表格中一列被删除　　D.表格中没有被删除的内容

（3）实作题

①设计一种常用的报销凭证，样式如图2-100所示。

②采用自动套用格式制作如图2-101所示课程表。

日常费用报销凭证

日期　　年　月　日　附单据　张

项　目	摘　要	金额元	部门负责人签字	
			审查签字	
			报销人签字	
报销金额合计		¥	审核签字	
金额(大写) 万 仟 佰 拾 元 角 分			出纳签字	

图 2-100　报销凭证

课程表

星期 节数	星期一	星期二	星期三	星期四	星期五
1					
2					
3					
4					
午　休					
5					
6					
7					

图 2-101　课程表

③制作个人简历，样式如图2-102所示。

个人简介

姓名		性别		出生年月		照片
民族		籍贯		政治面貌		
学历		学制		联系电话		
所学专业		毕业时间		移动电话		
E-mail		邮政编码		通讯地址		
所学课程						
获奖情况						
技能证书						
社会实践						
自我评价						

图 2-102　个人简介

[任务五]

制作员工工资表

任务概述

作为单位财务人员，工资表是经常接触和使用的表格之一。工资表项目主要包括姓名、基本工资、应发工资、扣除小计和实发工资等。工资表是单位员工工作绩效的体现，应严格遵循"公平、公正、公开、科学合理"的原则，真实、有效反映被考核人员的实际情况，体现多劳多得、奖勤罚懒的分配原则。由于单位的性质和实际情况不同，工资表中的项目会有一点差异，这就需要根据实际情况绘制所需要的工资表。

利用WPS 2021强大的表格处理能力，可以非常方便地制作如图2-103所示的"长生大酒楼员工工资表"。

图 2-103　员工工资表

制作向导

这张工资表是10列、18行的表格。通过分析，得出如下制作思路：

（1）创建一个新文档，并保存；

（2）设计员工工资表页面；

（3）输入表格标题及相关文本，并设置格式；

（4）插入一个规则表格；

（5）调整表格行高；

（6）拆分及合并单元格，调整表格；

（7）设置表格边框；

（8）输入表格内文字，并设置对齐方式；

（9）输入表格下方其他文字。

制作步骤

1.创建一个新文档，并保存

（1）启动WPS 2021，创建一个空白文字文稿。

（2）保存文档为"员工工资表.docx"。

2.设计员工工资表页面

（1）单击"页面布局"选项卡中的"页边距"按钮 ，在下拉列表中的选择"自定义边距"命令，弹出"页面设置"对话框。

（2）将上下左右边距设置为2厘米，方向为"横向"，如图2-104所示。

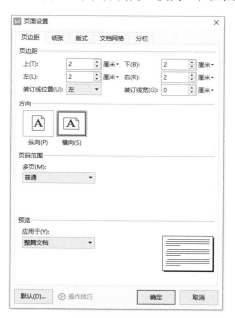

图2-104 "页面设置"对话框

（3）单击"确定"按钮。

3.输入表格标题及相关文本，并设置格式

（1）在文档窗口的第1行输入标题文字"长生大酒楼员工工资表"，并在相邻字间插入一个空格。

（2）将字体设置为"黑体""小二""加粗"和"居中"，如图2-105所示。

长 生 大 酒 楼 员 工 工 资 表

图 2-105　输入表格标题

为了方便查看文档的整体效果，可以使用程序窗口右下角的显示比例调整为"80%"，此时并不改变文档打印时的实际大小。

（3）在标题后击回车，将光标定位到下一行。输入"＿＿＿＿＿＿年＿＿＿＿月份"，"填表日期:＿＿＿＿年＿＿月＿＿日",并设置为"宋体""小四""两端对齐"，调整文字间距，如图2-106所示。

长 生 大 酒 楼 员 工 工 资 表

图 2-106　输入相关文本

如果在某页的第1行已插入表格，要在表格前添加标题文字可用以下方法实现。

方法1　将光标移到表格左上角的第1个单元格，然后单击"布局"选项卡中的"表格"组的"拆分表格"按钮，即可在表格的上方插入一个空行。这时，可输入表格的标题。

方法2　将鼠标指针移到左上角的"⊞"，呈状时，按住不放，向下拖动移动表格位置后输入标题。

方法3　将光标放在表格中的第一个单元格中，使用"Ctrl+Shift+Enter"组合键可以在表格前插入空行。

"＿＿＿＿＿＿年"中的下划线可在半角英文标点输入状态，用"Shift + _"绘制。

4.插入一个规则表格

（1）在"填表日期:＿＿＿＿年＿＿月＿＿日"之后回车，将光标定位到下一行。

（2）单击"插入"选项卡中的"表格"按钮，在下拉列表中单击"插入表格"命令，弹出"插入表格"对话框。

（3）分别设置列数和行数为"10""18"，单击"确定"按钮，效果如图2-107所示。

图 2-107　插入规则表格

5.调整表格行高

（1）将插入点移到表格中，在表格的左上角将出现田形状的符号，单击该符号可选中整个表格。

（2）单击"布局"→"表"中的"属性"按钮，弹出"表格属性"对话框。

（3）将行距设置为"0.7厘米"。

（4）单击"确定"按钮，效果如图2-108所示。

采用类似的方法也可调整表格的列宽。

图 2-108　调整表格行高后的效果

友情提示　BANGONG RUANJIAN YINGYONG　YOUQINGTISHI

将鼠标指针移到单元格的边框上呈"↔"和"↕"时，拖动鼠标可以分别改变列宽和行高。

6.拆分及合并单元格，调整表格

（1）选中表格第1行第3至第6列的4个单元格。

（2）单击"表格工具"→"拆分单元格"按钮，或右击选取区，选择快捷菜单中的"拆分单元格"，弹出"拆分单元格"对话框。

图2-109　"拆分单元格"
　　　　　　对话框

（3）设置列数为"4"，行数为"2"，选中"拆分前合并单元格"复选框，单击"确定"按钮，如图2-109所示。

（4）将拆分后的单元格行距设置为"0.7厘米"。

（5）将被拆分的第1行中的4个单元格，使用"表格工具"→"合并单元格"按钮进行合并，效果如图2-110所示。

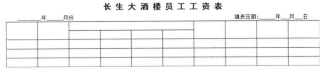

图2-110　表头调整后的效果

7.设置表格边框

（1）选中整个表格。

（2）在"表格样式"选项卡中，选择"边框"列表中的"边框和底纹"命令。

（3）在对话框中的"设置"中选择"方框"，"宽度"中选择"1.5磅"，如图2-111所示。

（4）选择自"自定义"，"宽度"中选择"0.75磅"，在"预览"框中单击"▦"和"▦"按钮，设置内框线，如图2-112所示。

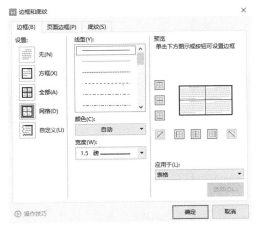

图2-111　设置表格外边框线型

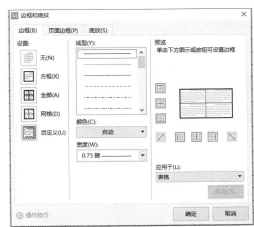

图2-112　设置表格外内框线型

（5）单击"确定"按钮，效果如图2-113所示。

图 2-113　设置边框线型后的效果

8.输入表格内文字，并设置对齐方式

（1）输入表格中的文字。

（2）选中整个表格，设置单元格对齐方式为"中部居中"。

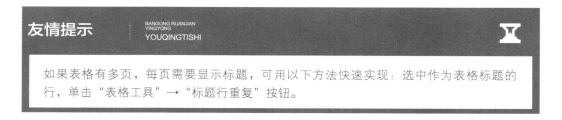

友情提示 BANGONG RUANJIAN YINGYONG YOUQINGTISHI

如果表格有多页，每页需要显示标题，可用以下方法快速实现：选中作为表格标题的行，单击"表格工具"→"标题行重复"按钮。

9.输入表格下方其他文字

（1）将光标定位到表格底部的下一行。

（2）输入文字"部门经理：＿＿＿＿　复核：＿＿＿＿　出纳：＿＿＿＿　制表人：＿＿＿＿"，效果如图2-103所示。

（3）保存并退出WPS 2021。

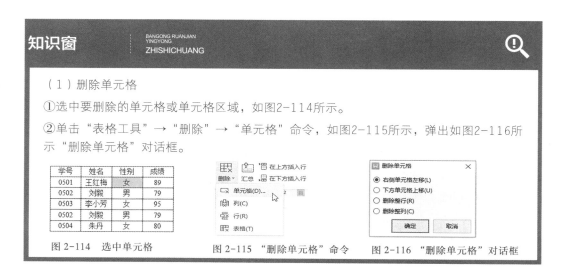

知识窗 BANGONG RUANJIAN YINGYONG ZHISHICHUANG

（1）删除单元格

①选中要删除的单元格或单元格区域，如图2-114所示。

②单击"表格工具"→"删除"→"单元格"命令，如图2-115所示，弹出如图2-116所示"删除单元格"对话框。

图 2-114　选中单元格　　　图 2-115　"删除单元格"命令　　　图 2-116　"删除单元格"对话框

③选择"右侧单元格左移",单击"确定"按钮,效果如图2-117所示。选择"下方单元格上移",单击"确定"按钮,效果如图2-118所示。

学号	姓名	性别	成绩
0501	王红梅	89	
0502	刘毅	男	79
0503	李小芳	女	95
0502	刘毅	男	79
0504	朱丹	女	80

图2-117 "右侧单元格左移"效果

学号	姓名	性别	成绩
0501	王红梅	男	89
0502	刘毅	女	79
0503	李小芳	男	95
0502	刘毅	女	79
0504	朱丹		80

图2-118 "下方单元格上移"效果

做一做

BANGONG RUANJIAN YINGYONG
ZUOYIZUO

①使用如图2-115所示菜单,删除整个表格。

②使用"删除单元格"对话框,删除"王红梅"这条记录。

③使用"删除单元格"对话框,删除"学号"列。

（2）删除行、列

可以用以下方法删除行或列。

方法1 使用"删除单元格"对话框中的命令,可以删除选中单元格所在行或所在列。

方法2 选中要删除的行或列,或只选中其中部分单元格,单击图2-104中相应用命令也可删除选中的行或列。

（3）插入行、列

将光标定位到要插入行或列的位置,单击"表格工具"选项卡中的按钮,即可插入相应的空行或空列,如图2-119所示。

图2-119 "表格工具"按钮

（4）复制表格的行与列

①在如图2-120所示表格中,选中要复制的行,使用"复制"命令。

②将光标定位到学号为"0504"的单元格中,使用"粘贴"命令,即可在当前行之前插入要复制的行,效果如图2-121所示,一次可复制多行。

用类似方法可以进行列的复制。

学号	姓名	性别	成绩
0501	王红梅	女	89
0502	刘毅	男	79
0503	李小芳	女	95
0504	朱丹	男	80

图2-120　选定要复制的行

学号	姓名	性别	成绩
0501	王红梅	女	89
0502	刘毅	男	79
0503	李小芳	女	95
0502	刘毅	男	79	←被复制的行
0504	朱丹	男	80

图2-121　复制行后的效果

（5）绘制斜线表头

用"表格工具"按钮绘制斜线表头。

①将光标移动到绘制斜线表头的单元格。

②单击"表格工具"选项卡中的"绘制斜线表头"按钮 ◨ **绘制斜线表头**，弹出"斜线单元格类型"对话框。

③选择第1行第3列样式，将在选中的单元格绘制斜线，如图2-122所示。要取消斜线，可使用"擦除"工具。

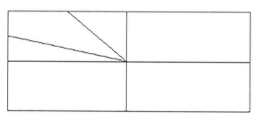

图2-122　在单元格中绘制斜线

▶ 自我测试

（1）填空题

①当表格的列数较多，纸张方向设置为纵向不能满足要求时，要将页面方向设置为＿＿＿＿＿＿＿＿＿。

②为了查看文档整体效果，可以通过拖动程序窗口右下角＿＿＿＿＿＿＿滑块，调整显示比例，这样并不改变文档打印时的实际大小。

③将光标移到表格左上角的第1个单元格，单击"布局"→"合并"中的"＿＿＿＿＿＿＿＿＿＿"按钮，可在表格上方插入一空行，用于输入表格的标题。

④设置表格单元格的边框样式，可以通过"表格样式"选项卡中的工具按钮进行，还可使用＿＿＿＿＿＿＿＿对话框完成。

（2）实作题

设计一张成绩统计表，样式如图2-123所示。

学生成绩统计表

学 号	姓 名	语 文	数 学	英 语	总 分	名 次

图 2-123　学生成绩统计表

NO.6

［任务六］

计算员工工资

任务概述

任务五完成了员工工资表的设计和制作，本任务主要完成基本数据的添加，工资表的准确计算，并将表中数据按实发工资降序排序。

利用WPS 2021中提供的自定义公式、函数和排序功能，能快速地完成如图2-124所示工资表计算和排序。

长 生 大 酒 楼 员 工 工 资 表

2021年12月份　　　　　　　　　　　　　　　　　　　　　填表日期:2021年12月31日

编号	姓名	应 发 工 资 /元				应发小计/元	应扣小计/元	实发工资/元	备注
		底 薪	效益奖	岗位津贴	加班工资				
1	刘国华	1500	1200	450	200	3350	75	3275	
2	杨少奇	1000	900	360	320	2580	78	2502	
3	文 华	1000	900	360	230	2490	60	2430	
4	陈 平	1000	900	360	230	2490	86	2404	
5	彭媛媛	950	700	340	270	2260	40	2220	
6	李红梅	950	700	340	240	2230	65	2165	
7	蒋 莉	950	700	360	180	2190	50	2140	
8	李小波	950	700	340	150	2140	110	2030	
9	江志泉	950	700	340	120	2110	95	2015	
10	董成国	800	600	300	310	2010	80	1930	
11	刘开志	800	600	300	300	2000	70	1930	
12	李伟强	800	600	300	300	2000	80	1920	
13	王明素	800	600	300	300	2000	84	1916	
14	毛献成	800	600	300	160	1860	45	1815	
15	周海涛	800	600	300	150	1850	55	1795	
	小 计	14050	11000	5050	3460	33560	1073	32487	

部门经理：杨少奇　　　复核：刘国华　　　出纳：李小波　　　制表人：江志泉

图 2-124　计算员工工资的效果图

制作向导

通过对此工资表的分析，得出如下制作思路：

（1）打开员工工资表文档；

（2）添加工资表中基本数据；

（3）给表格中的行自动编号；

（4）利用公式计算"应发小计"；

（5）利用公式计算"实发工资"；

（6）利用公式计算列"小计"；

（7）按实发工资降序排序数据；

（8）填写表格下方栏目；

（9）保护WPS文档。

制作步骤

1.打开员工工资表文档

（1）启动WPS 2021。

（2）单击"首页"中的"打开"按钮 ，或使用快捷键"Ctrl+O"，弹出"打开"对话框，如图2-125所示。

图2-125 "打开"对话框

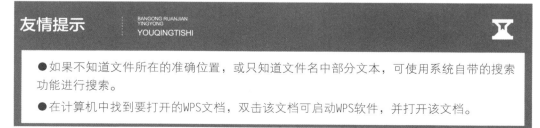

（3）找到"员工工资表.docx"，选定后，单击"打开"按钮。

（4）文档另存为"计算员工工资.docx"

2.添加工资表中基本数据

（1）将光标定位到第2行第2列单元格中。

（2）选择输入法，输入表中的基本数据，如图2-126所示。

长 生 大 酒 楼 员 工 工 资 表

2021 年 12 月份   填表日期:2021 年 12 月 31 日

编号	姓名	应 发 工 资 /元				应发小计 /元	应扣小计 /元	实发工资 /元	备注
		底 薪	效益奖	岗位津贴	加班工资				
	刘国华	1500	1200	450	200		75		
	李伟强	800	600	300	300		80		
	李小波	950	700	340	150		110		
	文 华	1000	900	360	230		60		
	刘开志	800	600	300	300		70		
	蒋 莉	950	700	300	180		50		
	董成国	800	600	300	310		80		
	彭媛媛	950	700	340	270		40		
	周海涛	800	600	300	150		55		
	李红梅	950	700	340	240		65		
	杨少奇	1000	900	360	320		78		
	王明素	800	600	300	300		84		
	江志泉	950	700	340	120		95		
	陈 平	1000	900	360	230		86		
	毛献成	800	600	300	160		45		
	小 计								

部门经理:_____   复核:_____   出纳:_____   制表人:_____

图 2-126　输入表格中的基本数据

3.给表格中的行自动编号

（1）选中第1列中所有需要编号的空白单元格。

（2）单击"开始"选项卡中的"编号"按钮 ，在下拉列表中单击"自定义编号"命令，如图2-127所示，弹出"项目符号和编号"对话框，并切换到"自定义列表"选项卡，如图2-128所示。

（3）单击"自定义"按钮，进行图2-129所示设置。

图 2-127　"编号"下拉列表

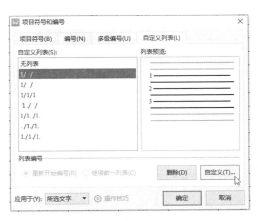

图 2-128　定义新编号格式

图 2-129　设置编号格式

在图2-129所示对话框中选择一种编号后，还可以单击"字体"按钮，进一步设置编号的格式。

（4）单击"确定"按钮，即可在第1列填入编号，效果如图2-130所示。

图 2-130　填入编号后的效果

4.利用公式计算"应发小计"

（1）将光标定位到G3单元格（即第3行第7列，"应发小计"文本下方的单元格）。

（2）单击"表格工具"选项卡中的"公式"按钮 fx 公式，弹出"公式"对话框。

（3）在对话框的"公式"文本框中自动出现"=SUM(LEFT)"，即调用了求和公式。

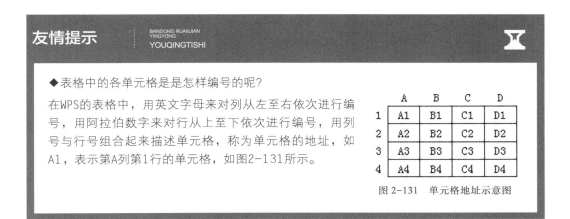

友情提示　BANGONG RUANJIAN YINGYONG　YOUQINGTISHI

◆ 表格中的各单元格是是怎样编号的呢？

在WPS的表格中，用英文字母来对列从左至右依次进行编号，用阿拉伯数字来对行从上至下依次进行编号，用列号与行号组合起来描述单元格，称为单元格的地址，如A1，表示第A列第1行的单元格，如图2-131所示。

	A	B	C	D
1	A1	B1	C1	D1
2	A2	B2	C2	D2
3	A3	B3	C3	D3
4	A4	B4	C4	D4

图 2-131　单元格地址示意图

图 2-132　"公式"对话框

表示将对G3单元格左边的数据求和，并将求和的结果放在G3单元格内，如图2-132所示。

（4）单击"确定"按钮，这时G3左侧的数值型数据之和将添加到G3中。

（5）将光标分别移动到G3下面的单元格，使用同样的方法可计算其余员工的"应发小计"列数据，效果如图2-133所示。

长 生 大 酒 楼 员 工 工 资 表

2021年12月份　　　　　　　　　　　　　　　　　　　　填表日期:2021年12月31日

编 号	姓 名	应发工资/元				应发小计/元	应扣小计/元	实发工资/元	备 注
		底薪	效益奖	岗位津贴	加班工资				
1	刘国华	1500	1200	450	200	3350	75		
2	李伟强	800	600	300	300	2000	80		
3	李小波	950	700	340	150	2140	110		
4	文 华	1000	900	360	230	2490	60		
5	刘开志	800	600	300	300	2000	70		
6	蒋 莉	950	700	360	180	2190	50		
7	董成国	800	600	300	310	2010	80		
8	彭媛媛	950	700	340	270	2260	40		
9	周海涛	800	600	300	150	1850	55		
10	李红梅	950	700	340	240	2230	65		
11	杨少奇	1000	900	360	320	2580	78		
12	王明素	800	600	300	300	2000	84		
13	江志泉	950	700	340	120	2110	95		
14	陈 平	1000	900	360	230	2490	86		
15	毛献成	800	600	300	160	1860	45		
	小 计								

部门经理:　　　　　复核:　　　　　出纳:　　　　　制表人:

图 2-133　计算"应发小计"的结果

5.利用公式计算"实发工资"

（1）将光标定位到I3中。

（2）单击"表格工具"选项卡中的"公式"按钮 *fx* 公式，弹出"公式"对话框。

（3）在公式文本框中输入"=G3-H3"。

（4）单击"确定"按钮，在I3得到刘国华的实发工资。

（5）将光标分别移动到I4单元格，在公式文本框中输入"=G4-H4"，以此类推，完成对其余员工"实发工资"的计算，如图2-134所示。

长 生 大 酒 楼 员 工 工 资 表

2021年12月份　　　　　　　　　　　　　　　　　　　　　　　　填表日期：2021年12月31日

编 号	姓 名	应 发 工 资 /元				应发小计/元	应扣小计/元	实发工资/元	备 注
		底 薪	效益奖	岗位津贴	加班工资				
1	刘国华	1500	1200	450	200	3350	75	3275	
2	李伟强	800	600	300	300	2000	80	1920	
3	李小波	950	700	340	150	2140	110	2030	
4	文 华	1000	900	360	230	2490	60	2430	
5	刘开志	800	600	300	300	2000	70	1930	
6	蒋 莉	950	700	360	180	2190	50	2140	
7	董成国	800	600	300	310	2010	80	1930	
8	彭媛媛	950	700	340	270	2260	40	2220	
9	周海涛	800	600	300	150	1850	55	1795	
10	李红梅	950	700	340	240	2230	65	2165	
11	杨少奇	1000	900	360	320	2580	78	2502	
12	王明素	800	600	300	300	2000	84	1916	
13	江志泉	950	700	340	120	2110	95	2015	
14	陈 平	1000	900	360	230	2490	86	2404	
15	毛献成	800	600	300	160	1860	45	1815	
	小 计								

部门经理：　　　　　复核：　　　　　出纳：　　　　　制表人：

图 2-134　计算实发工资的结果

做一做　　BANGONG RUANJIAN YINGYONG　ZUOYIZUO

试一试：能否使用快捷键"Ctrl+Y"完成I4、I5…公式的输入？为什么？

6.利用公式计算"小计"

（1）将光标定位到C18。

（2）单击"表格工具"选项卡中的"公式"按钮 *fx* 公式，弹出"公式"对话框。

（3）在"公式"文本框中输入"=SUN(ABOVE)"，表示对C18单元格以上的所有数据求和。

（4）单击"确定"按钮，在C18得到所有员工底薪的小计。

（5）将光标分别移动到C18右边的单元格，用同样的方法完成其他列的"小计"，将该行数据移动到下一行的"小计"中，结果如图2-135所示。

长 生 大 酒 楼 员 工 工 资 表

2021年12月份　　　　　　　　　　　　　　　　　　　　　　　　填表日期：2021年12月31日

编 号	姓 名	应 发 工 资 /元				应扣小计/元	应扣小计/元	实发工资/元	备 注
		底 薪	效益奖	岗位津贴	加班工资				
1	刘国华	1500	1200	450	200	3350	75	3275	
2	李伟强	800	600	300	300	2000	80	1920	
3	李小波	950	700	340	150	2140	110	2030	
4	文 华	1000	900	360	230	2490	60	2430	
5	刘开志	800	600	300	300	2000	70	1930	
6	蒋 莉	950	700	360	180	2190	50	2140	
7	董成国	800	600	300	310	2010	80	1930	
8	彭媛媛	950	700	340	270	2260	40	2220	
9	周海涛	800	600	300	150	1850	55	1795	
10	李红梅	950	700	340	240	2230	65	2165	
11	杨少奇	1000	900	360	320	2580	78	2502	
12	王明素	800	600	300	300	2000	84	1916	
13	江志泉	950	700	340	120	2110	95	2015	
14	陈 平	1000	900	360	230	2490	86	2404	
15	毛献成	800	600	300	160	1860	45	1815	
	小 计	14050	11000	5050	3460	33560	1073	32487	

部门经理：　　　　　复核：　　　　　出纳：　　　　　制表人：

图 2-135　列"小计"结果

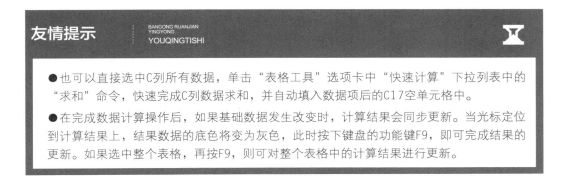

友情提示
BANGONG RUANJIAN YINGYONG
YOUQINGTISHI

● 也可以直接选中C列所有数据，单击"表格工具"选项卡中"快速计算"下拉列表中的"求和"命令，快速完成C列数据求和，并自动填入数据项后的C17空单元格中。

● 在完成数据计算操作后，如果基础数据发生改变时，计算结果会同步更新。当光标定位到计算结果上，结果数据的底色将变为灰色，此时按下键盘的功能键F9，即可完成结果的更新。如果选中整个表格，再按F9，则可对整个表格中的计算结果进行更新。

7.按实发工资降序排序数据

（1）选中表格中编号为1～15的所有行。

（2）单击"表格工具"选项卡中的"排序"按钮 ，弹出"排序"对话框。

（3）在该对话框中进行如图2-136所示设置后，单击"确定"按钮，效果如图2-137所示。

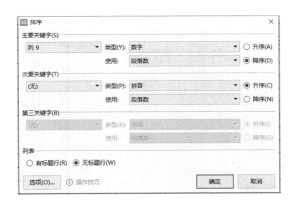

图 2-136 "排序"对话框

长 生 大 酒 楼 员 工 工 资 表

2021 年 12 月份 填表日期:2021 年 12 月 31 日

编 号	姓 名	应 发 工 资 /元				应发小计 /元	应扣小计 /元	实发工资 /元	备 注
		底 薪	效益奖	岗位津贴	加班工资				
1	刘国华	1500	1200	450	200	3350	75	3275	
2	杨少奇	1000	900	360	320	2580	78	2502	
3	文 华	1000	900	360	230	2490	60	2430	
4	陈 平	1000	900	360	230	2490	86	2404	
5	彭媛媛	950	700	340	270	2260	40	2220	
6	李红梅	950	700	340	240	2230	65	2165	
7	蒋 莉	950	700	360	180	2190	50	2140	
8	李小波	950	700	340	150	2140	110	2030	
9	江志泉	950	700	340	120	2110	95	2015	
10	刘开志	800	600	300	300	2000	70	1930	
11	董成国	800	600	300	310	2010	80	1930	
12	李伟强	800	600	300	300	2000	80	1920	
13	王明素	800	600	300	300	2000	84	1916	
14	毛献成	800	600	300	160	1860	45	1815	
15	周海涛	800	600	300	150	1850	55	1795	
	小 计	14050	11000	5050	3460	33560	1073	32487	

部门经理: 复核: 出纳: 制表人:

图 2-137 排序结果

8.填写表格下方栏目

（1）将光标定位到表格下方相关位置。

（2）输入项目内容，效果如图2-138示。

11000	5050	3460	33560	1073	32487	
部门经理：杨少奇	复核：刘国华	出纳：李小波	制表人：江志泉

图 2-138　填写表格下方项目

9.保护WPS文档

文档编辑完成后，为了保证未被授权的人不能打开文档或修改文档，可以设置相应的密码。操作步骤如下：

（1）单击"文件"→"文件"→"文件加密"命令，弹出"选项"对话框。

（2）在对话框中输入打开权限和编辑权限密码，也可只设置其中一项，单击"确定"按钮，如图2-139所示。

图 2-139　"加密文档"对话框

（3）保存文档，并退出WPS 2021。

友情提示　BANGONG RUANJIAN YINGYONG YOUQINGTISHI

再次重新打开已加密文档时，将提示输入打开密码和编辑密码，若只设置了其中一项，只会弹出其中一个对话框，如图2-140、图2-141所示。

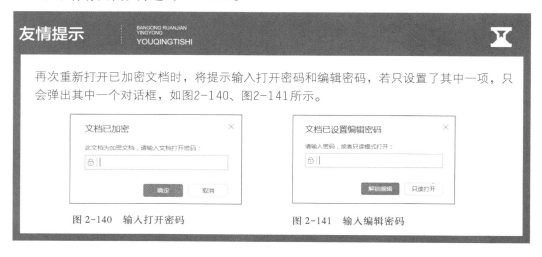

图 2-140　输入打开密码　　　　图 2-141　输入编辑密码

▶ 自我测试

（1）填空题

①在WPS 2021表格中，用公式计算时，既可以自定义公式，还可使用系统提供的_____。

②在WPS 2021中，计算表格中某行数值的总和，可使用的统计函数是_____；计算表格中某行数值的平均，可使用的函数是_____。

③在WPS 2021编辑状态下，为当前正在编辑的文档设置保护措施，应该使用"_____"→"_____"→"_____"按钮。

（2）实作题

设计一张如图2-142所示华兴公司员工工资表。应发小计、实发工资、单项小计用公式计算，不能直接输入。

华兴公司员工工资表　　　　单位：元

编号	姓名	基本工资	效益工资	岗位津贴	加班工资	应发小计	应扣小计	实发工资
1	刘奇	930	1200	450	200	2780	110	2670
2	杨少青	680	900	360	320	2260	86	2174
3	陈文	550	900	360	230	2040	86	1954
4	李华	590	900	360	230	2080	78	2002
5	文媛媛	680	700	340	270	1990	86	1904
6	王红梅	550	700	340	240	1830	75	1755
7	蒋文莉	930	700	360	180	2170	110	2060
8	杨志强	680	700	340	120	1840	86	1754
9	李小春	590	700	340	150	1780	78	1702
10	王明珍	930	600	300	300	2130	110	2020
单项小计		7110	8000	3550	2240	20900	905	19995

图2-142

模块三 / 制作电子表格

WPS Office是由北京金山办公软件股份有限公司自主研发的一款办公软件套装。2020年12月，教育部考试中心宣布WPS Office将作为全国计算机等级考试(NCRE)的二级考试科目之一，于2021年在全国实施。套装软件中的WPS Excel作为目前最流行的电子表格处理软件，能够创建工作簿和工作表、进行工作表之间的计算、利用公式和函数进行数据处理、表格修饰、创建图表、进行数据统计和分析等。

作为现代员工应能熟练地处理各种电子表格，其中包括创建电子表格、编辑电子表格、打印电子表格、制作图表、对数据进行运算和统计。本模块将以WPS Excel 2021在喜爱来超市商品销售中的应用，学习本软件的使用，从而体会Excel强大的表格处理功能，尤其在数据统计及数据图表化等方面，Excel更具优势。

通过本模块的学习，应达到的目标如下：

● 能够创建、编辑电子表格文档

● 能熟练处理一般的数据

● 能使用函数进行数据运算

● 能使用图表功能

● 能使用批注

● 能在电子表格中使用链接

［任务一］ NO.1

设计进货登记表

任务概述

在一个企业销售管理中，进货是所有销售工作的基础，是营销中的第一环节。作为企业的业务员，在进货前，应该设计和制作一份进货登记表。进货登记表一般包括进货日期、商品名、生产厂家、数量、供货方式、联系人等项目。

利用WPS Excel 2021的表格处理功能，可以非常方便地制作如图3-1所示"喜爱来超市进货登记表"。

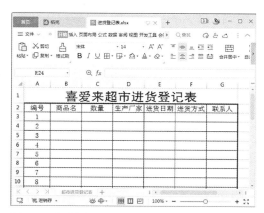

图3-1　喜爱来超市进货登记表

制作向导

通过对本进货登记表进行分析，得出如下制作思路：

（1）创建一个工作簿，并保存；

（2）输入标题行数据；

（3）使用自动填充输入"编号"；

（4）调整工作表的行高和列宽；

（5）设置对齐方式及边框；

（6）添加工作表的标题，并设置其格式；

（7）重命名工作表；

（8）打印预览及打印工作表。

制作步骤

1.创建一个工作簿，并保存

（1）启动WPS 2021，在“首页”中单击“新建”按钮，选择“新建表格”，如图3–2所示。

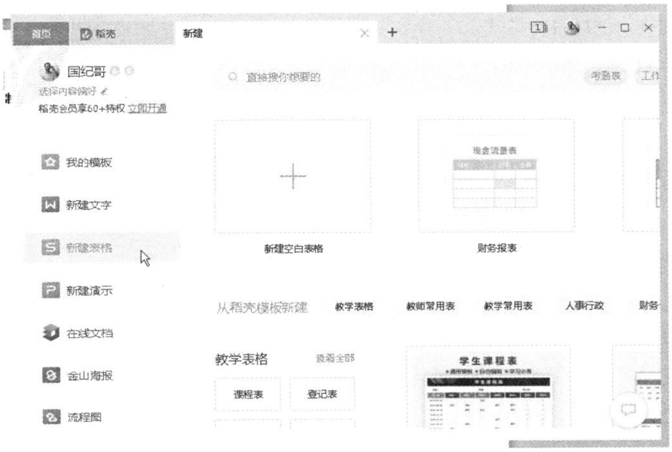

图 3-2 “新建”选项卡

（2）单击“新建”选项卡中的“新建空白表格”，系统将创建一个名为“工作簿1”的空白表格，如图3–3所示。

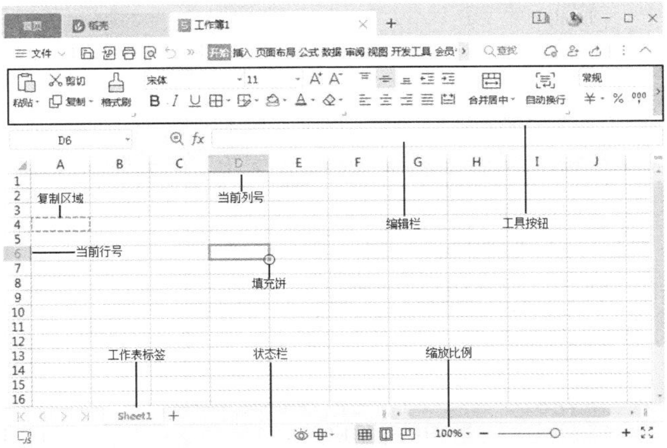

图 3-3　WPS Excel 2021 启动界面

（3）单击“文件”→“文件”→ “保存”命令，在弹出的“另存为”对话框中，先选择保存位置，在“文件名”框中输入“进货登记表.xlsx”，单击“保存”按钮。

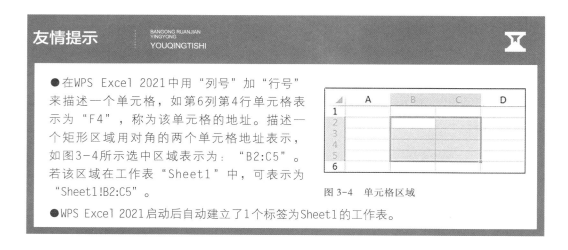

友情提示　BANGONG RUANJIAN YINGYONG　YOUQINGTISHI

●在WPS Excel 2021中用"列号"加"行号"来描述一个单元格，如第6列第4行单元格表示为"F4"，称为该单元格的地址。描述一个矩形区域用对角的两个单元格地址表示，如图3-4所示选中区域表示为："B2:C5"。若该区域在工作表"Sheet1"中，可表示为"Sheet1!B2:C5"。

图 3-4　单元格区域

●WPS Excel 2021启动后自动建立了1个标签为Sheet1的工作表。

2.输入标题行数据

（1）单击A1单元格。

（2）选择输入法，在A1中直接输入"编号"，"编辑栏"内会同时显示输入的数据；也可以将光标定位到"编辑栏"中，输入数据后单击"确认"按钮，确认所做的修改或输入，如图3-5所示。

图 3-5　在单元格中输入数据

（3）单击Tab键或Enter键向右移动活动单元格，如图3-6所示。

图 3-6　右移活动单元格

（4）用同样的方法在B1、C1、D1、E1、F1和G1中单元格分别输入"商品名""数量""生产厂家""进货日期""供货方式"和"联系人"，如图3-7所示。

图 3-7　输入行标题数据

3.使用自动填充输入"编号"

自动填充实际上是将选中的起始单元格数据复制后或按照某种规律填充到当前行或列的其他单元格中的过程。

（1）选中A2单元格输入"1"，如图3-8所示。

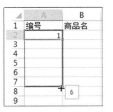

图3-8　在A2中输入"1"　　　　　图3-9　拖动当前单元格的填充柄

（2）将鼠标指针移动A2右下角的填充柄上，鼠标指针由✛变为+状，向下拖动填充柄，如图3-9所示。

（3）当虚框到达单元格A31时释放鼠标，单元格区域A2：A31全部被填充，同时右下角出现"自动填充选项"按钮，默认"以序列方式填充"，如图3-10所示。

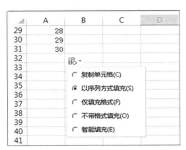

图3-10　被数字序填充的部分单元格

4.设置数据格式

（1）单击工作表列号最左端的"全选"按钮，选中整个工作表。

（2）使用"开始"选项卡中的工具按钮将字体设为"宋体"，大小为"14"，对齐方式为"居中"，效果如图3-11所示。

图3-11　单元格区域格式设置

友情提示　BANGONG RUANJIAN YINGYONG YOUQINGTISHI

◆单元格的行高会随字号增大自动调整，列宽不会变化。

5.调整工作表的行高和列宽

（1）调整工作表的列宽

方法1　将鼠标指针移到要调整列宽的列号右边界处，呈 ✚ 状时向左或向右拖动，便可调整列宽，如图3-12所示。

图 3-12　调整 A 列的列宽

图 3-13　设置 B 列宽度

方法2　将鼠标指针指到B列列标处，指针呈"↓"时，单击选中B列后，单击"开始"选项卡"行和列"列表中的"列宽"命令，在弹出的"列宽"文本框中输入"10"，如图3-13所示，单击"确定"按钮，即可精确设置B列的列宽。

用上述方法之一调整其他列的宽度。

（2）调整工作表的行高

行高的调整方法与列宽相似，将鼠标移到"1"行号上，当呈"➡"时向下拖动，选中1至31行，如图3-14所示，用"行高"对话框将"A1:G31"区域行高调整为"20"。

图 3-14　选中 1 至 31 行，并设置行高

6.设置对齐方式及边框

（1）将鼠标指针移到A1单元格，向右下方拖动到G31单元格，即可选中"A1:G31"区域。

图 3-15　设置对齐方式

（2）右击选区，单击快捷菜单中的"设置单元格格式"，弹出"设置单元格格式"对话框。

（3）在对话框中切换到"对齐"页面，选择"水平对齐"列表中的"居中"和"垂直对齐"列表框中的"居中"，如图3-15所示。

（4）切换到"边框"页面，选择"线条"中的"——"样式，单击"外边框"按钮 ▦，再选择"线条"中的"——"样式，然后单击"内部"按钮 ▦，最后单击"确定"按钮，如图3-16所示。表格效果如图3-17所示。

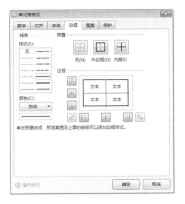

图 3-16　设置边框线条

	A	B	C	D	E	F	G
1	编号	商品名	数量	生产厂家	进货日期	进货方式	联系人
2	1						
3	2						
4	3						
5	4						

图 3-17　单元格格式设置完成后的效果

友情提示　BANGONG RUANJIAN YINGYONG　YOUQINGTISHI

◆WPS工作表编辑窗口中自带的表格线，在未设置边框线之前，打印时不会出现。

7.添加工作表的标题，并设置其格式

（1）单击当前第1行的行号，选中第1行，右击选区，在弹出的快捷菜单中单击“插入”，即插入一空行，如图3-18所示。

	A	B	C	D	E	F	G
1							
2	编号	商品名	数量	生产厂家	进货日期	进货方式	联系人
3	1						
4	2						
5	3						

图 3-18　在第 1 行前插入空行

（2）在当前的A1单元格中输入标题“喜爱来超市进货登记表”，如图3-19所示。

	A	B	C	D	E	F	G
1	喜爱来超市进货登记表						
2	编号	商品名	数量	生产厂家	进货日期	进货方式	联系人
3	1						
4	2						
5	3						

图 3-19　输入工作表标题

（3）选中新增行，并设置其行高为“35”。

（4）选中“A1:G1”区域，打开“设置单元格格式”对话框。

（5）切换到“对齐”页面，设置水平、垂直对齐均为“居中”，在“文本控制”中勾选“合并单元格”复选框，如图3-20所示。

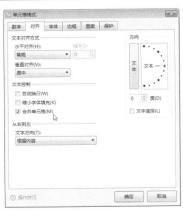

图 3-20　设计标题行的对齐方式

友情提示 BANGONG RUANJIAN YINGYONG YOUQINGTISHI

当列宽不能完整显示内容时，可用以下方法之一实现多行显示。

● 在图3-20所示对话框中勾选"自动换行"复选框。

● 将光标移动单元格中需要换行的位置，按住Alt键不放，再击回车键，可强行换行。

（6）切换到"字体"页面，选择"黑体""26"。

（7）单击"确定"按钮，效果如图3-21所示。

图 3-21 工作表标题效果	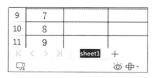

图 3-22 工作表标签处于编辑状态

8.重命名工作表

（1）双击工作表标签"Sheet1"，或右击"Sheet1"，单击快捷菜单中的"重命名"，此时，工作表标签处于编辑状态，如图3-22所示。

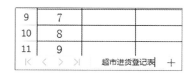

（2）输入"超市进货登记表"，单击其他任意处确认，效果如图3-23所示。

图 3-23 修改工作表标签后

9.打印及打印预览

（1）单击"文件"→"文件"→"打印预览"，可观看工作表的打印效果，如图3-24所示。

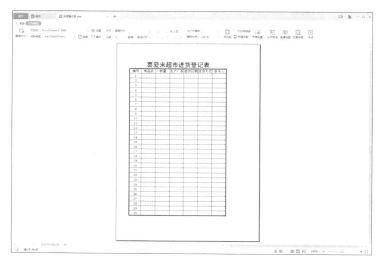

图 3-24 打印预览效果

（2）单击图3-24右上方"页面设置"按钮，打开"页面设置"对话框，切换到"页边距"页面，对工作表的"页边距"和"居中方式"进行如图3-25所示设置，工作表预览效果如图3-26所示。

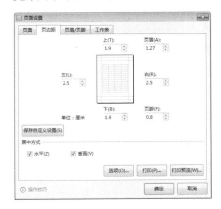

图 3-25　工作表页面设置

图 3-26　页面设置完成后的效果

（3）单击左上角的"直接打印"按钮 ，便可发送打印命令。

（4）保存并退出WPS 2021。

知识窗　BANGONG RUANJIAN YINGYONG　ZHISHICHUANG

（1）复制行与列

与WPS文字表格的操作类似，可按以下步骤实现：

①选中要复制的行或列，使用"复制"命令。

②将光标定位到目标位置，使用"粘贴"命令。

（2）插入行与列

与WPS文字表格的操作类似，可按以下步骤实现：

①将光标定位到要插入行或列的单元格。

②右击，在打开的快捷菜单中单击"插入"，弹出"插入"对话框，如图3-27所示，选择相应的选项。

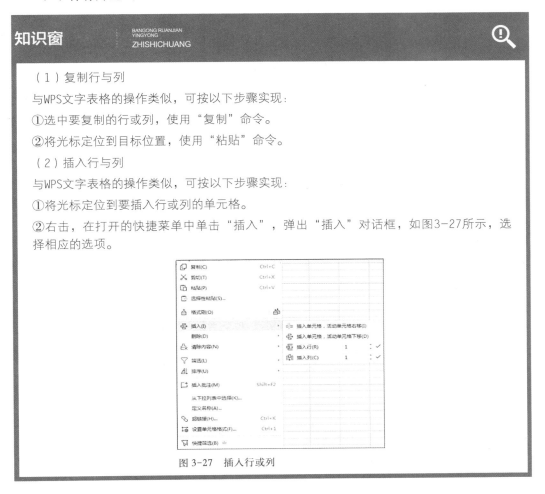

图 3-27　插入行或列

▶ 自我测试

（1）填空题

①WPS Excel 2021工作簿文件的扩展名为＿＿＿＿＿＿＿＿＿。

②工作表上方"fx"右侧的空白区域，用于输入文字、公式，称为＿＿＿＿＿＿＿＿＿。

③在WPS Excel 2021的单元格中输入时间时，表示上、下午的AM和PM大小写均可，但是与时间之间一定要加＿＿＿＿＿＿ 符号。

④在WPS Excel 2021工作表中输入当天日期可按＿＿＿＿＿＿＿＿组合键；输入现在时间可按＿＿＿＿＿＿＿＿组合键。

⑤在Excel工作表中，使用快捷菜单中的"＿＿＿＿＿＿"命令可以插入一个或多个单元格。

⑥单元格中的数据在水平方向可以靠左、居中或靠右等，在垂直方向可以＿＿＿＿＿＿、居中或 ＿＿＿＿＿＿＿对齐等。

⑦WPS Excel 2021工作表中显示的灰色网格线不是实际表格线，可以使用"＿＿＿＿＿＿＿"对话框为选定的单元格区域加上实际表格线，才能打印出来。

⑧"页面设置"对话框包括＿＿＿＿＿＿、＿＿＿＿＿＿、＿＿＿＿＿＿和＿＿＿＿＿＿四个页面。

（2）选择题

①在单元格中输入数字字符串400060（邮政编码）时，应输入(　　)。

A. 400060　　　　B. "400060"　　　　C. '400060　　　　D. 400060'

②在单元格中，输入(　　)，使该单元格显示0.4。

A.8/20　　　　　B.=8/20　　　　　C. "8/20"　　　　D.="8/20"

③在单元格中输入数值−0.123，错误的输入方法是(　　)。

A. −.123　　　　B. (.123)　　　　　C. −0.123　　　　D. (−.123)

④在单元格中输入字符型数据，当宽度大于单元格宽度时，下列表述错误的是(　　)。

A.无需增加单元格宽度

B.当右侧单元格已经有数据时也不受限制，允许超宽输入

C.右侧单元格中的数据将被覆盖，右侧单元格被覆盖的部分会丢失

D.右侧单元格中的数据将被覆盖，右侧单元格被覆盖的部分不会丢失

⑤在单元格中输入数值和文字数据，默认的对齐方式是（　　　　）。

A.全部左对齐　　　　B.全部右对齐　　　C.左对齐和右对齐　　　　D.右对齐和左对齐

⑥在某单元格内输入=5>+3，确定后单元格内显示（　　　）。

A.TRUE　　　　　　　B.FALSE　　　　　C.#NUM　　　　　　　　　D.#N/A

⑦若要选定区域A1:C5和D3:E5，应（　　　）。

A.按鼠标左键从A1拖动到C5，然后按鼠标左键从D3拖动到E5

B.按鼠标左键从A1拖动到C5，然后按住Ctrl键，并按鼠标左键从D3拖动到E5

C.按鼠标左键从A1拖动到C5，然后按住Shift键，并按鼠标左键从D3拖动到E5

D.按鼠标左键从A1拖动到C5，然后按住Tab键，并按鼠标左键从D3拖动到E5

⑧工作表中，表格大标题对表格居中显示的方法是（　　　）。

A.在标题行处于表格宽度居中位置的单元格输入表格标题

B.在标题行任一单元格输入表格标题，然后单击"居中"工具按钮

C.在标题行任一单元格输入表格标题，然后单击"合并及居中"工具按钮

D.在标题行处于表格宽度范围内的单元格中输入标题，选定标题行处于表格宽度范围内的所有单元格，然后单击"合并及居中"工具按钮

⑨在打印工作表前就能看到实际打印效果的操作是（　　　）。

A.仔细观察工作表　　　B.打印预览　　　　C.按F8键　　　　　　D.分页预览

⑩在WPS Excel表格中，单击"开始"选项卡的字体按钮时，下列（　　　）文本属性不会作用到选定单元格中的文本上。

A.删除线　　　　　　　　B.粗体　　　　　　C.斜体　　　　　　　D.下划线

（3）实作题

①制作图3-28所示疫情防控日常物品储备登记表。

疫情防控日常物品储备登记表

编号	物资名称	单位	数量	储存位置	管理员	备注
1						
2						
3						
4						
5						
6						
7						
8						
9						
10						
11						
12						

图 3-28　物品登记表

②制作图3-29所示学生成绩登记表。

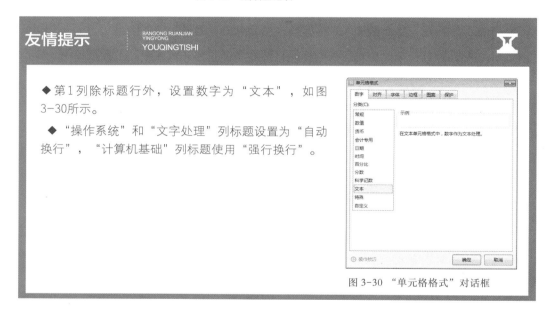

图 3-29　成绩登记表

友情提示

BANGONG RUANJIAN YINGYONG
YOUQINGTISHI

◆ 第1列除标题行外，设置数字为"文本"，如图
3-30所示。

◆ "操作系统"和"文字处理"列标题设置为"自动
换行"，"计算机基础"列标题使用"强行换行"。

图 3-30　"单元格格式"对话框

［任务二］

NO.2

建立进货厂商登记表

任务概述

在企业经营管理中，经常要与其他商家、客户进行联系和沟通，在进货工作中更是如此。为获取更高的利润，进到物美价廉的商品，在进货之前必须对各厂家的商品质量及价格进行比较分析。为便于开展工作，需要设计和制作一份有关进货厂商的登记表。

利用WPS Excel 2021的表格处理功能，可以非常方便地制作如图3-31所示"喜爱来超市进货厂商登记表"。

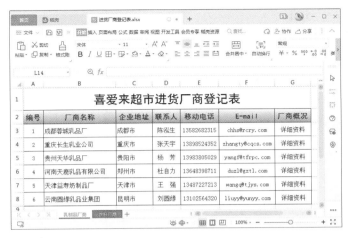

图 3-31 喜爱来超市进货厂商登记表

制作向导

通过对此进货厂商登记表进行分析，得出如下制作思路：

（1）创建一个工作簿，并保存；

（2）设置页面；

（3）输入标题行数据，并设置格式；

（4）自动填充"编号"；

（5）输入其他数据并设置其格式；

（6）调整行高和列宽；

（7）为厂商添加链接；

（8）设置工作表边框；

（9）添加工作表的标题，并设置格式；

（10）重命名工作表，并设置标签颜色；

（11）复制产生"饮料厂商"工作表；

（12）删除多余的工作表；

（13）保护工作表及工作簿。

制作步骤

1.创建一个工作簿，并保存文档

（1）启动WPS 2021。

（2）新建一个工作簿，保存文件为"进货厂商登记表.xlsx"。

2.设置页面

（1）在"页面布局"选项卡中，设置纸张方向为"横向"。

（2）在"页面布局"选项卡中，设置"纸张大小"为"B5"，如图3-32所示。

（3）在"页面布局"布局选项卡的"页边距"列表中，单击"自定义边距"，打开页面设置对话框，将"上、下、左、右"边距均设置为2厘米，勾选"居中方式"选项组中的"水平"和"垂直"复选框，如图3-33所示。

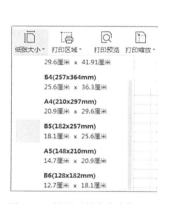

图 3-32　设置"纸张大小"

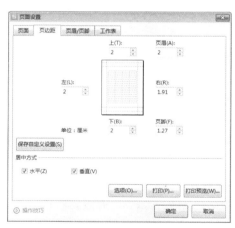

图 3-33　"页边距"选项卡

（4）单击"确定"按钮。设置好页面后，其边界显示虚线框，如图3-34所示，用于表示页面的大小，供编辑参考。

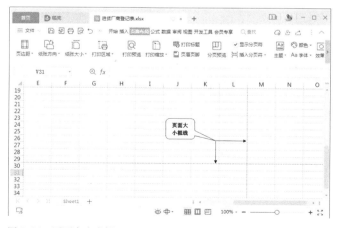

图 3-34　页面大小虚框

3.输入列标题，并设置格式

（1）选择输入法，在A2:G2单元格中依次输入列标题，如图3-35所示。

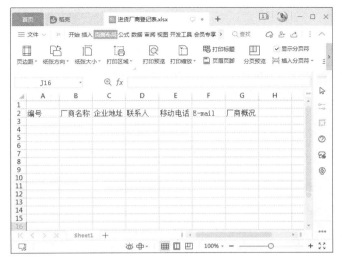

图 3-35　输入列标题

（2）选中A2:G2单元格区域，右击选区，单击快捷菜单的"设置单元格格式"，弹出"单元格格式"对话框。

（3）在"对齐"页面中设置水平和垂直对齐方式均为"居中"，在"字体"页面中设置"黑体""常规""14"。

（4）切换到"图案充"页面，单击"填充效果"按钮，在"填充效果"对话框中选择"浅蓝"，如图3-36所示。

图 3-36　设置单元格底纹

（5）单击"确定"按钮，效果如图3-37所示。

图 3-37　设置列标题底纹的效果

4.使用自动填充输入"编号"

（1）在A3、A4中分别输入1、2。

（2）选中A3、A4单元格。

（3）拖动填充柄至A8，自动填充编号，效果如图3-39所示。

图 3-38　自动填充编号

5.输入表中其他数据，并设置格式

（1）输入表格中其他数据，如图3-39所示。

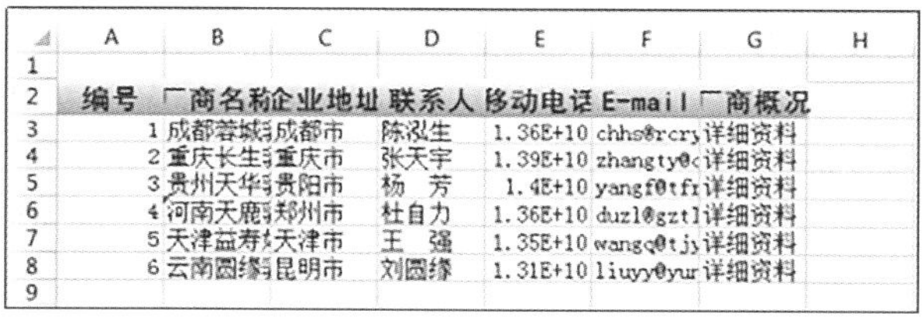

图 3-39　输入数据

（2）选中A3:G8单元格区域，设置对齐方式为垂直"居中"。

（3）按住Ctrl键，分别单击A、D、E、F、G列号，选中这5列，单击"开始"选项卡的"居中"按钮，效果如图3-40所示。

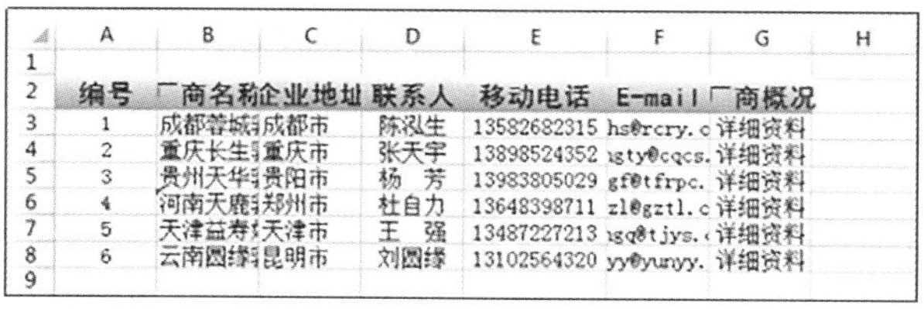

图 3-40　设置部分列居中对齐

6.设置列宽和行高

（1）单击"全选"按钮，选中整个表格。

（2）在"开始"选项卡的"行和列"下拉列表中单击"最适合的列宽"。

（3）选中2～8行，将行高设置为"28"，效果如图3-41所示。

图 3-41　设置列宽和行高

7.为"详细资料"添加超级链接

（1）右击G3单元格，选择快捷菜单中的"超链接"命令，弹出"插入超级链接"对话框。

（2）在"地址"文本框中输入"成都蓉城乳品厂"的网址"http://www.rcry.com"*，如图3-42所示，然后单击"确定"按钮。当鼠标指针移到设置了超级链接的"详细资料"时，指针变成手形，单击则会访问链接目标，打开相应网站。

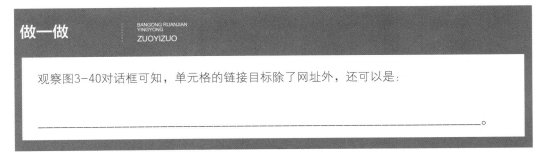

图 3-42　"插入超链接"对话框

做一做 BANGONG RUANJIAN YINGYONG ZUOYIZUO

观察图3-40对话框可知，单元格的链接目标除了网址外，还可以是：

_____。

＊　此链接为虚拟网址，不可使用。

（3）用同样的方法为其他厂商添加超级链接，当光标停留在设置了链接的文本上时将显示其链接地址，效果如图3-43所示。

图 3-43　添加超级链接后的效果

8.设置工作表的边框

（1）选中A2:G8单元格区域。

（2）在"开始"选项卡的"单元格"下拉列表中，单击"单元格格式"命令，在对"单元格格式"格式对话框中设置所有框线，如图3-44所示，设置完成效果如图3-45所示。

图 3-44　设置单元格边框

图 3-45　设置单元格边框后的效果

9.添加工作表的标题，并设置其格式

（1）在A1单元格中输入"喜爱来超市进货厂商登记表"。

（2）选定第1行，将行高设置为"45"。

（3）选定A1:G1，单击"开始"选项卡中的"合并及居中"按钮 ，效果如图3-46所示。

图 3-46　设置合并及居中后的效果

（4）利用"单元格格式"对话框设置"垂直居中""黑体""24"，效果如图3-47所示。

图 3-47　标题的最终效果

10.重命名工作表，并设置表标签颜色

（1）双击工作表标签"Sheet1"。

（2）输入"乳制品厂商"，单击其他位置确认。

（3）右击该表标签，单击快捷菜单中的"工作表标签颜色"→"主题颜色"→"标准色"的红色按钮，如图3-48所示。此时表标签下将添加一条红色的下划线，当其为非活动表时，表标签背景显示为红色。

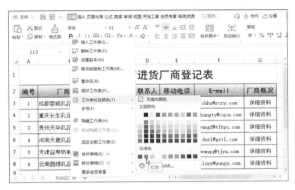

图 3-48　设置表标签颜色

11.用复制方法建立其他工作表

（1）右击"乳制品厂商"，单击快捷菜单中的"移动或复制工作表"，弹出如图3-49所示对话框。

（2）选择要复制的工作表，并勾选"建立副本"复选框，单击"确定"按钮，产生的副本如图3-50所示。

图 3-49　"移动或复制工作表"对话框

图 3-50　复制生成新工作表

（3）将工作表更名为"饮料厂商"，如图3-51所示。

图 3-51　新表更名后的效果

（4）选定"饮料厂商"工作表中数据单元格区域，右击选区，单击快捷菜单中的"清除内容"命令。

（5）输入表格中数据。

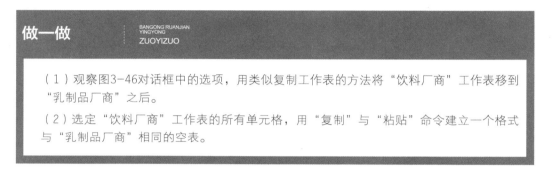

做一做　BANGONG RUANJIAN YINGYONG　ZUOYIZUO

（1）观察图3-46对话框中的选项，用类似复制工作表的方法将"饮料厂商"工作表移到"乳制品厂商"之后。

（2）选定"饮料厂商"工作表的所有单元格，用"复制"与"粘贴"命令建立一个格式与"乳制品厂商"相同的空表。

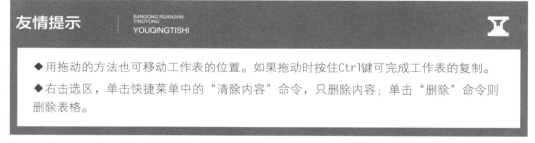

友情提示　BANGONG RUANJIAN YINGYONG　YOUQINGTISHI

◆用拖动的方法也可移动工作表的位置。如果拖动时按住Ctrl键可完成工作表的复制。

◆右击选区，单击快捷菜单中的"清除内容"命令，只删除内容；单击"删除"命令则删除表格。

12.保护工作表及工作簿

用类似保护WPS 文字文稿的方法为"进货厂商登记表"为文档设置打工密码和编辑密码，保存并退出WPS Excel 2021。

知识窗　BANGONG RUANJIAN YINGYONG　ZHISHICHUANG

（1）设置页眉页脚

可以按以下方法为工作表设置页眉页脚：

①单击"页面布局"选项卡中的按钮 ，
打开页面设置对话框。

②切换到"页眉/页脚"页面，如图3-52所示。

③单击"自定义页眉"按钮，打开"页眉"对话框。

④在相应的位置输入页眉的内容。如要在页眉中
央显示"喜爱来超市"，可在对应的文本框中直
接输入后，单击"确定"按钮，如图3-53所示。
也可在图中使用工具按钮插入相关内容，按钮的
功能如图3-54所示。

图3-52 "页面设置"对话框

图3-53 "页眉"对话框

图3-54 "页面／页脚"工作具栏

⑤在图中单击"自定义页脚"按钮，可打开
"页脚"对话框，用类似设置的页眉的方法
设置页脚。

（2）设置打印标题行

若工作表的内容有多页时，需要每一页打印
标题行可按以下步骤实现：

①打开"页面设置"对话框，切换到"工作
表"页面，如图3-55所示。

②单击"顶端标题行"右边的按钮 ，用拖
动的方法选择要打印的标题行区域，如图
3-56所示，再次单击 按钮，还原到"页面
设置"对话框。

③单击"确定"按钮，该
工作表的每页顶端将打印
标题行。

图3-55 "页面设置"中的"工作表"页面

图3-56 选择打印标题行区域

（3）为单元格区域添加批注

①选定需要添加批注的单元格。

②单击"审核"选项卡中的"新建批注"按钮。

③输入批注内容，如图3-57所示。插入批注后的单元格的右上角将带有一个红色标记，当鼠标移动到该元格后将显示批注内容。

移动电话	E-mail	厂商概况
13582682315	Administrator: 该电话24小时开机	详细资料
13898524352		详细资料
13983805029	yangf@tfrpc.com	详细资料

图 3-57 插入批注

（4）做诚信企业

在中国，诚信自古以来就是人们所推崇的品质。

孔子有一句名言："人而无信，不知其可也。"意思是说，一个人如果不讲信用，在世上就会寸步难行。孔子主张做人要诚信无欺，把"信"作为人的立身之本，将其看成社会关系中一种最起码的道德原则。

诚信是企业发展的基石，没有诚信的企业注定是走不远的；反之，如果企业重质量、重服务、重承诺、守信用、对社会诚信，以优质的产品留住消费者，以良好的服务感动消费者，那么社会也必将回报企业效益。正如一位著名的营销专家讲："诚信就是最好的市场竞争手段，诚信就是效益。"

做一做　BANGONG RUANJIAN YINGYONG ZUOYIZUO

（1）为"进货厂商登记表"设置页眉"喜爱来超市"，居中对齐，字体为"楷体"。

（2）使用工具按钮在"进货厂商登记表"的页脚中快速插入当前系统日期，右对齐。

（3）打印预览"页眉/页脚"的效果。

（4）右击插入了批注的单元格，观察快捷菜单中的命令，思考以下问题：

　　①如何删除批注？

　　②如何编辑批注？

　　③如何隐藏批注？

▶ 自我测试

（1）填空题

①在WPS Excel 2021工作表中，若要选择不连续的单元格，先单击第一个单元格，按住_____键不放，再单击其他单元格。

②将鼠标指针指向某工作表标签，按Ctrl键拖动标签到新位置，则完成_____操作；若拖动过程中不按Ctrl键，则完成_____操作。

③填充数据序列可以拖动单元格右下角的＿＿＿＿＿＿完成。

④设置超链接的方法是：右击选中的单元格（或单元格区域），使用快捷菜单中的＿＿＿＿＿命令。

⑤在WPS Excel 2021工表中，设置"页眉\页脚"和设置"打印行标题"都在＿＿＿＿＿对话框中进行。

⑥可以为单元格添加＿＿＿＿＿＿＿，对其补充说明，又不占用表格区域。

（2）选择题

①有关WPS Excel 2021 工作表的操作，下列表述错误的是（   ）。

A.工作表名默认是Sheet1、Sheet2、Sheet3、…，用户可以重新命名

B.在工作簿之间允许复制工作表

C.一次可以删除一个工作簿中的多个工作表

D.工作簿之间不允许移动工作表

②下面叙述中正确的是（   ）。

A.工作表是二维表

B.保存文档时系统使用工作表标签作为默认的工作簿文档名

C.WPS Excel 2021程序窗口中，单击"保存"按钮，每个工作表都可以作为一个独立的文档保存在磁盘上

D.WPS Excel 2021中没有工作表保护功能

③单元格中输入字符型数据，当宽度大于单元格宽度时正确的叙述是（   ）。

A.多余部分会丢失

B.无须增加单元格宽度

C.右侧单元格中的数据将丢失

D.右侧单元格中的数据不会丢失

④在WPS Excel 2021工作表中，若将"F3"单元格中的内容清除，下列操作中不正确的是（   ）。

A.按DEL键

B.通过快捷菜单中的"删除"命令完成

C.通过快捷菜单中的"清除内容"命令完成

D.通过快捷菜单中的"剪切"命令完成

（3）实作题

①建立如图3-58下新生登记表，为"李子元"单元格插入批注"体育尖子"；为毕业学校的单元格设置超级链接。

图 3-58　新生登记表

②东京奥运会在2021年7月23日举行，有来自全球超过200个国家与地区的运动员参加。中国代表团的奥运健儿在东京奥运会上取得了38金、32银、18铜共88枚奖牌的好成绩，金牌和奖牌总数世界排名第二名。使用WPS excel 2021绘制如图3-59所示表格。

2021东京奥运会，中国金牌榜单项目及运动员盘点

获奖顺序	运动员	项目介绍
第01金	杨倩	射击女子10米气步枪
第02金	侯志慧	举重女子49公斤级
第03金	孙一文	击剑女子个人重剑
第04金	施廷懋/王涵	跳水女子双人三米板
第05金	李发彬	举重男子61公斤级
第06金	谌利军	举重男子67公斤级
……	……	……
第38金	曹缘	跳水男子十米跳台

图 3-59　中国金牌榜盘点

［任务三］

NO.3

制作商品销售表

任务概述

在企业经营管理工作中，为了更好地保证供应与销售，需要实时掌握商品的销售情况。通过销售报表，可以清晰地了解和分析商品销售情况，以便根据市场需求制订和调整销售方式及策略。

利用WPS Excel 2021的数据排序、分类汇总和筛选功能，可以非常方便地制作如图3.60—图3-62所示"销售日报表"。

图 3-60　销售日报表之一

图 3-61　销售日报表之二

图 3-62　销售日报表之三

制作向导

通过对本销售日报表进行分析，得出如下制作思路：

（1）创建一个工作簿，并保存；

（2）建立"商品销售明细表"；

（3）使用公式计算"金额"列；

（4）对"销售明细"工作表中的数据进行排序；

（5）按"商品名称"对工作表中数据进行分类汇总；

（6）插入工作表标题；

（7）将同类商品的数据进行折叠；

（8）通过筛选查看数据。

制作步骤

1.创建一个工作簿，并保存

（1）启动WPS 2021，建立一个新工作簿。

（2）以"销售日报表.xlsx"为文件名保存。

2.建立"销售明细表"

（1）将Sheet1工作表重命名为"销售明细表"。

（2）选择输入法，输入工作表的标题行文本，如商品编码、商品名称、销售时间、数量、单价、金额。

（3）输入各列中的数据，并调整列宽，如图3-63所示。

图 3-63　输入"销售明细表"基本数据

3.使用公式计算"金额"列

（1）选中F2单元格，在单元格中输入公式"=D2*E2"，如图3-64所示。该公式的作用是将D2中（"数量"）与E2（"单价"）单元格中数据的乘积存放在当前单元格F2（"金额"）中。

图 3-64　在 F2 中输入公式

（2）拖动填充柄至F9，完成公式的复制，结果如图3-65所示。

图 3-65　"金额"列的填充效果

（3）按住Ctrl不放，单击"E""F"列号，选中"单价"和"金额"列，单击"开始"→"单元格"下拉列表中的"设置单元格格式"命令，进行如图3-66所示设置后，单击"确定"按钮，效果如图3-67所示。这样可设置这两列的显示格式。

图3-66　设置"单价"和"金额"
列的显示格式

图3-67　显示格式设置后的效果

（4）除"商品名称"列中数据外，均设置为水平"居中"；所有单元格均设置垂直"居中"，效果如图3-68所示。

	A	B	C	D	E	F
1	商品编码	商品名称	销售时间	数量	单价	金额
2	6357601	蓉城花生奶	8:40	1	￥2.50	￥2.50
3	6357601	蓉城花生奶	11:30	3	￥2.50	￥7.50
4	6357601	蓉城花生奶	14:07	2	￥2.50	￥5.00
5	6357602	长生鲜牛奶	9:10	1	￥2.20	￥2.20
6	6357602	长生鲜牛奶	13:34	2	￥2.20	￥4.40
7	6357603	天华奶粉	11:05	1	￥24.00	￥24.00
8	6357603	天华奶粉	12:20	1	￥24.00	￥24.00
9	6357603	天华奶粉	13:01	1	￥24.00	￥24.00

图3-68　设置对齐方式后的效果

4.对"销售明细"工作表中的数据进行排序

（1）将光标定位到"商品明细"工作表中的任意单元格中。

（2）单击"数据"→"排序"→"自定义排序"命令，系统弹出"排序"对话框。

（3）在该对话框中，从"主要关键字"下拉列表中单击"商品编码"，并选中"升序"单选框。这表示对工作表中的数据首先按照"商品编码"以"升序"方式排列。

（4）从"次要关键字"下拉列表中单击"销售时间"，并选中"升序"单选框，如图3-69所示。这表示工作表中的数据的主要关键字相同时，再按"销售时间"以"升序"排序。

图3-69　"排序"对话框

（5）单击"确定"按钮，关闭对话框，即以"商品编码"为主要关键字，"销售时间"为次要关键字，对工作表中的数据进行升序排序，效果如图3-70所示。

	A	B	C	D	E	F
1	商品编码	商品名称	销售时间	数量	单价	金额
2	6357601	蓉城花生奶	8:40	1	￥2.50	￥2.50
3	6357601	蓉城花生奶	11:30	3	￥2.50	￥7.50
4	6357601	蓉城花生奶	14:07	2	￥2.50	￥5.00
5	6357602	长生鲜牛奶	9:10	1	￥2.20	￥2.20
6	6357602	长生鲜牛奶	13:34	2	￥2.20	￥4.40
7	6357603	天华奶粉	11:05	1	￥24.00	￥24.00
8	6357603	天华奶粉	12:20	1	￥24.00	￥24.00
9	6357603	天华奶粉	13:01	1	￥24.00	￥24.00

图 3-70　排序后的效果

5.按"商品名称"对工作表中数据进行分类汇总

（1）将光标定位在"销售明细"工作表中的任意单元格中，单击"数据"选项卡中的"分类汇总"按钮，系统将弹出"分类汇总"对话框。

（2）在"分类汇总"对话框中，进行如图3-71所示设置：

①在"分类字段"下拉列表中选择"商品名称"，表示以"商品名称"作为分类字段。

②在"汇总方式"下拉列表中选择"求和"；在"选定汇总项"列表中选中"数量"和"金额"复选框，表示分别对商品的"数量"和"金额"进行汇总，而未被选中的选项将不被汇总。

③选中"替换当前分类汇总"复选框，表示将以本次分类汇总要求进行汇总；选中"汇总结果显示在数据下方"复选框，表示分类汇总的结果将分别显示在每种商品的下方，系统默认的方式是将分类汇总结果显示在本类的第1行。

图 3-71　"分类汇总"对话框

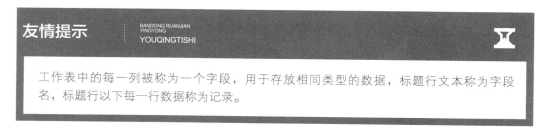

友情提示　BANGONG RUANJIAN YINGYONG　YOUQINGTISHI

工作表中的每一列被称为一个字段，用于存放相同类型的数据，标题行文本称为字段名，标题行以下每一行数据称为记录。

（3）单击"确定"按钮，关闭对话框，即可以"商品名称"分类字段对每种商品的"数量"和"金额"分别进行求和汇总，效果如图3-72所示。

1 2 3		A	B	C	D	E	F
	1	商品编码	商品名称	销售时间	数量	单价	金额
	2	6357601	蓉城花生奶	8:40	1	￥2.50	￥2.50
	3	6357601	蓉城花生奶	11:30	3	￥2.50	￥7.50
	4	6357601	蓉城花生奶	14:07	2	￥2.50	￥5.00
	5		蓉城花生奶 汇总		6		￥15.00
	6	6357602	长生鲜牛奶	9:10	1	￥2.20	￥2.20
	7	6357602	长生鲜牛奶	13:34	2	￥2.20	￥4.40
	8		长生鲜牛奶 汇总		3		￥6.60
	9	6357603	天华奶粉	11:05	1	￥24.00	￥24.00
	10	6357603	天华奶粉	12:20	1	￥24.00	￥24.00
	11	6357603	天华奶粉	13:01	1	￥24.00	￥24.00
	12		天华奶粉 汇总		3		￥72.00
	13		总计		12		￥93.60

图 3-72　分类汇总后的效果

6.插入工作表标题

（1）单击选中"A1"单元格，单击"开始"→"行和列"→"插入单元格"→"插入行"命令，即可在表格第1行前插入一个空白行。

（2）选中新插入行"A1:F1"单元格区域，然后单击"开始"→"合并居中"按钮，即可将这6个单元格合并为一个单元格。

（3）输入表格标题"喜爱来超市销售日报表"，设置为"黑体""14""加粗"，效果如图3-56所示。

7.将同类商品的数据进行折叠

单击左上角的"2"按钮，将同种商品数据折叠后，效果如图3-57所示；单击"1"按钮，所有商品数据折叠后，效果如图3-58所示。折叠后，报表显得清爽，汇总的数据一目了然。

8.通过筛选查看数据

（1）单击行号2，选中列标题行。

（2）单击"数据"→"自动筛选"按钮，此时工作表的每个字段右侧会出现一个下拉框，如图3-73所示。

1 2 3		A	B	C	D	E	F
	1			喜爱来超市销售日报表			
	2	商品编～	商品名称 ～	销售时｜～	数量～	单价～	金额～
	3	6357601	蓉城花生奶	8:40	1	￥2.50	￥2.50
	4	6357601	蓉城花生奶	11:30	3	￥2.50	￥7.50
	5	6357601	蓉城花生奶	14:07	2	￥2.50	￥5.00
	6		蓉城花生奶 汇总		6		￥15.00
	7	6357602	长生鲜牛奶	9:10	1	￥2.20	￥2.20
	8	6357602	长生鲜牛奶	13:34	2	￥2.20	￥4.40
	9		长生鲜牛奶 汇总		3		￥6.60
	10	6357603	天华奶粉	11:05	1	￥24.00	￥24.00
	11	6357603	天华奶粉	12:20	1	￥24.00	￥24.00
	12	6357603	天华奶粉	13:01	1	￥24.00	￥24.00
	13		天华奶粉 汇总		3		￥72.00
	14		总计		12		￥93.60

图 3-73　自动筛选效果

（3）查看数量为2及以上的记录。单击"数量"下拉框中的"数字筛选"→"自定义筛选"，打开图3-74对话框，设置后单击"确定"按钮，筛选结果如图3-75所示。

图 3-74 自定义自动筛选方式

图 3-75 筛选结果

（4）再次单击"数据"→"排序和筛选"→"筛选"按钮，可以取消自动筛选状态。

做一做 BANGONG RUANJIAN YINGYONG ZUOYIZUO

查看"数量"在2~5的销售记录。

知识窗 BANGONG RUANJIAN YINGYONG ZHISHICHUANG

（1）查看单元格中公式

单元格中的数据若由公式计算得到，在默认情况下只显示计算结果。可以通过以下方法查看公式：

方法1 选定单元格，"编辑栏"将显示引用的公式。

方法2 单击"公式"→"显示公式"按钮 f✕ 显示公式 ，将显示表格中所有公式。再次单击时，恢复显示计算结果。

方法3 使用快捷键"ctrl+~"显示公式。

（2）单元格的引用

•相对引用

WPS Excel系统默认，所有新创建的公式均采用相对引用，就是指直接用行号与列号来引用单元格，如A5、B3等。当复制公式时，目标单元公式中的引用会根据目标单元格与原单元格的相对位移而自动发生变化。

例如，将A6中的相对引用公式"=SUM(A1:B3)"复制到单元格C7中，因为从原单元格A6到目标单元格C7中，行号增加1，列号增加2，所以复制后的相对引用公式中行号与列号会发生相应的变化，自动调整为C2:D4，如图3-76所示。

◢	A	B	C	D
1	10	15	20	25
2	20	25	30	35
3	30	35	40	45
4	40	45	50	55
5	50	55	60	65
6	=SUM(A1:B3)			
7			=SUM(C2:D4)	
8				

图 3-76　相对引用公式的复制

•绝对引用

将行号和列号前加"$"，相对引用将转换为绝对引用，如$A$5，$B$3。当复制公式时，目标单元格中公式中的引用不会发生变化。

例如，将A6中的绝对引用公式"=SUM($A$1:$B$3)"复制到单元格C7中，公式中引用的地址不会发生变化如图3-77所示。

◢	A	B	C	D
1	10	15	20	25
2	20	25	30	35
3	30	35	40	45
4	40	45	50	55
5	50	55	60	65
6	=SUM($A$1:$B$3)			
7			=SUM($A$1:$B$3)	
8				

图 3-77　绝对引用公式的复制

•混合引用

混合引用的含义是：在公式中既使用相对引用，又使用绝对引用，当进行公式复制时，绝对引用部分保持不变，相对引用部分随单元格位置变化而变化。例如，将A6中的公式"=SUM(A$1:B$3)"复制到单元格C7中，公式中引用的地址不会发生变化，如图3-78所示。

◢	A	B	C	D
1	10	15	20	25
2	20	25	30	35
3	30	35	40	45
4	40	45	50	55
5	50	55	60	65
6	=SUM(A$1:B$3)			
7			=SUM(C$1:D$3)	

图 3-78　混合引用公式的复制

•三维引用

三维引用的含义是：在同一工作簿中引用不同工作表单元格或区域中的数据。

三维引用的一般格式为：

工作表名称！单元格或区域

例如，将Sheet2工作表中某单元格数据设置为由Sheet1的"$A$1:$G$5"区域数据之和得到。公式为

"=SUM(Sheet1!$A$1:$G$5)"

友情提示 BANGONG RUANJIAN YINGYONG YOUQINGTISHI

◆ 公式的复制可以使用复制、粘贴命令，也可以使用拖动填充柄的方法完成。

◆ 相对引用与绝对引用在公式移动时没有区别。

► 自我测试

（1）填空题

①若要在Sheet1的H2单元格中引用Sheet2的单元格A1的值，只要在Sheet1中的H2单元格中键入公式＿＿＿＿＿＿＿＿＿即可。

②公式"=SUM(C2:F2)−G2"的意义是＿＿＿＿＿＿＿＿＿ ＿。

③某工作表的C2单元格中的公式是"=A1+$B$1"，再将C2单元格复制到C3单元格中，则C3单元格中的公式是＿＿＿＿＿＿＿＿＿＿＿＿。

④在当前工作表中，A1="1+2"，B1="3"，在C1中输入公式"=A1&B1"，确认后，C1中的结果为＿＿＿＿＿＿＿＿。

⑤WPS Excel 2021允许同时对最多＿＿＿个关键字进行排序。

⑥对数据进行分类汇总前，必须对数据进行＿＿＿＿操作。

⑦在WPS Excel工作表中可以通过＿＿＿＿＿＿功能，查看满足条件的记录。

（2）选择题

①某区域由A1、A2、A3、B1、B2、B3共6个单元格组成。下列不能表示该区域的是（　　）。

A.A1:B3　　　　B.A3:B1　　　　C.B3:A1　　　　D.A1:B1

②下列（　　）不能对数据表排序。

A.单击数据区中任一单元格，然后单击工具栏中的"升序"或"降序"按钮

B.选择要排序的数据区域，然后单击工具栏中的"升序"或"降序"按钮

C.选择要排序的数据区域，然后使用"编辑"菜单的"排序"命令

D.选择要排序的数据区域，然后使用"数据"菜单的"排序"命令

③用筛选条件"数学>65与总分>250"对成绩数据表进行筛选后，在筛选出结果中都是（　　　）。

A.数学分＞65的记录

B. 数学分＞65且总分＞250的记录

C. 总分＞250的记录

D. 数学分＞65或总分＞250的记录

④在WPS Excel 2021中，当表示单元格地址时，工作表与单元格名之间必须使用（　　　）分隔。

A./　　　　　　　　　B. \　　　　　　　　　C.I　　　　　　　　　D.!

⑤将A1单元格中的公式"＝C￥1*$D2"复制到B2单元格，则B2单元格中的公式为（　　　）。

A.=D$1*$D3　　　　B.=C$1*$D3　　　　C.=C$1*$D2　　　　D.=E$2*$E2

⑥A1=3，A2=5，A3=7，A4="2"，A5=5，A6="6"在B1中Min(A1:A5)，确定后，B1中的值是（　　　）。

A.2　　　　　　　　　B.3　　　　　　　　　C.7　　　　　　　　　D.#VALUE!

⑦在WPS Excel 2021中，公式中引用了某单元格的相对地址（　　　）。

A.当公式单元用于拷贝和填充时，公式中的单元格地址随之改变

B.仅当公式单元用于填充时，公式中的单元格地址随之改变

C.仅当公式单元用于拷贝时，公式中的单元格地址随之改变

D.当公式单元用于拷贝和填充时，公式中的单元格地址不随之改变

⑧在WPS Excel 2021中，默认情况下，在单元格中输入公式并确定后，单元格中显示（　　　）。

A.?　　　　　　　　B.计算结果　　　　C.公式内容　　　　　D.TRUE

⑨在WPS Excel 2021中，下面表述正确的是（　　　）。

A.单元格的名称是不能改动的

B.单元格的名称可以有条件的改动

C.单元格的名称是可以改动的

D.单元格是没有名称的

⑩在WPS Excel 2021中，要在单元格中直接显示输入的公式，可以用（　　　）

组合键切换。

A. Altl+~   B. Ctrl+~   C.Ctrl+空格   D.Shift+~

（3）实作题

制作如图3-79所示新生报名情况登记表。提示：以"区县"为第一关键字，"报名日期"为第二关键字排序；按区县分类汇总。

报名日期	毕业学校	区县	数 量
		重庆生源登记表	
2016/5/15	大江中学	巴南区	1
2016/5/17	土桥中学	巴南区	1
2016/5/17	木洞中学	巴南区	1
		巴南区 汇总	3
2016/5/17	65中	高新区	1
2016/5/17	石桥中学	高新区	1
		高新区 汇总	2
2016/5/15	字水中学	江北区	2
2016/5/16	望江中学	江北区	2
2016/5/17	望江中学	江北区	1
		江北区 汇总	5
2016/5/15	水泥厂中学	南岸区	2
2016/5/16	珊瑚中学	南岸区	1
2016/5/16	南坪中学	南岸区	2
2016/5/17	38中	南岸区	2
2016/5/17	88中	南岸区	2
		南岸区 汇总	9
2016/5/16	铜梁中学	铜梁	3
		铜梁 汇总	3
		总计	22

图 3-79   重庆生源登记表

［任务四］   NO.4

管理库存商品

任务概述

在超市的经营管理工作中，库存商品要为进货、销售等一系列活动提供有力的数据支持。这就需要对库存商品进行严格的管理，建立清晰的商品库存明细账。

利用WPS 2021的记录单功能，可以非常方便地对喜爱来超市商品库存进行管理，"库存商品明细"如图3-80所示。

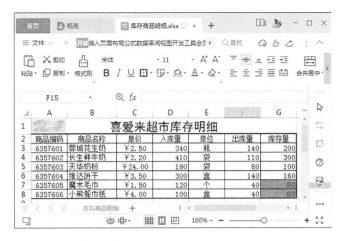

图 3-80 库存商品明细

制作向导

通过对本库存明细表进行分析，得出如下制作思路：

（1）创建一个工作簿，并保存；

（2）输入工作表的标题，并设置格式；

（3）输入工作表的标题行数据，并设置格式；

（4）用记录单输入商品库存信息；

（5）设置工作表的数据格式；

（6）为"数量"设置公式及条件格式；

（7）设置工作表的边框；

（8）插入超市标志。

制作步骤

1.创建一个工作簿，并保存

（1）启动WPS 2021，创建一个新工作簿。

（2）保存文件为"库存商品明细.xlsx"。

（3）将工作表"Sheet1"重命名为"库存商品明细"。

2.输入工作表的标题，并设置格式

（1）合并"A1:G1"单元格区域。

（2）在合并后的单元格中输入标题"喜爱来超市库存明细"。

（3）将标题文本设置为"黑体""18"，水平、垂直均为"居中"对齐，如图3-81所示。

图 3-81　添加工作表标题

3.输入工作表列标题，并设置格式

（1）在"A2:G2"单元格区域依次输入列标题"商品编码""商品名称""单价""入库量""单位""出库量""库存量"。

（2）设置水平、垂直均为"居中"对齐，如图3-82所示。

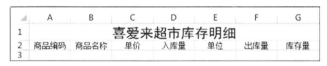

图 3-82　工作表列标题效果

4.用记录单输入商品库存信息

（1）选定"A2:G2"单元格区域。

（2）单击"数据"选项卡的"记录单"按钮 记录单，弹出"库存商品明细"记录单，如图3-83所示。

（3）在"库存商品"记录单中，用鼠标单击每个字段后的文本框，并在其中输入相应的数据，如图3-84所示。

图 3-83　记录单

图 3-84　使用记录单输入数据

（4）整个记录输入完成后，按回车键或单击"新建"按钮，可以在工作表的最底部继续增加记录。利用图3-86所示对话框的"条件"按钮可定义查找条件，如图3-85所示，单击"上一条"和"下一条"按钮，可以定位到满足条件的第1条记录。

图3-85　定义查找记录的条件

5.设置工作表的数据格式

（1）选中"A3:A8"单元格区域，设置水平、垂直为"居中"对齐。

（2）选中"C3:C8"单元格区域，单击"开始"→"单元格"列表中的"设置单元格格式"命令，弹出"单元格格式"对话框；在"数字"页面设置为"货币"，保留两位小数，设置水平、垂直均为"居中"对齐。

友情提示　BANGONG RUANJIAN YINGYONG YOUQINGTISHI

◆记录单中各按钮功能如下：

按钮	功能
新建	继续增加一条新记录
清除	删除条件
还原	取消对当前记录的修改
上一条	查找并显示满足条件的上一条记录
下一条	查找并显示满足条件的下一条记录
表单	返回表单状态
关闭	关闭记录单

（3）选中E3:E8单元格，设置水平、垂直均为"居中"对齐。

（4）其余单元格均设置为垂直居中。

（5）调整后工作表效果如图3-86所示。

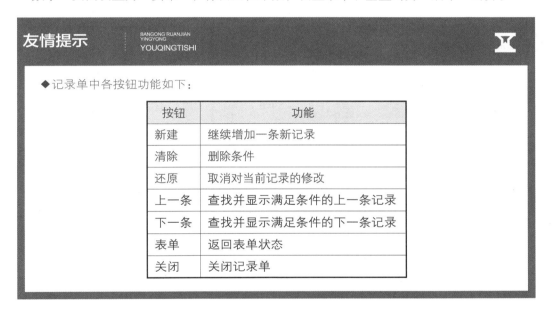

图3-86　设置工作表格式后的效果

6.为"数量"设置公式及条件格式

（1）选中G3单元格。

（2）输入公式"=D3-F3"，如图3-87所示，然后回车，或单击公式栏中的"确定"按钮"✔"，即可完成对公式的编辑和计算。表示将"入库量"与"出库量"的差作为"库存量"，并填到G3单元格中。

	A	B	C	D	E	F	G
1			喜爱来超市库存明细				
2	商品编码	商品名称	单价	入库量	单位	出库量	库存量
3	6357601	蓉城花生奶	￥2.50	340	瓶	140	=d3-f3
4	6357602	长生鲜牛奶	￥2.20	410	袋	110	
5	6357603	天华奶粉	￥24.00	180	袋	80	
6	6357604	维达饼干	￥3.50	300	盒	140	
7	6357605	魔术毛巾	￥1.50	120	个	40	
8	6357606	小熊餐巾纸	￥4.00	100	盒	40	

图3-87　在D3中输入自定义公式

（3）将鼠标指针移到G3单元格的右下角的填充柄上，鼠标指针由⇩变为✚状，拖动鼠标至G8单元格，即可将公式复制到其他单元格中，从而完成其他商品"库存量"的计算，如图3-88所示。

	A	B	C	D	E	F	G
1			喜爱来超市库存明细				
2	商品编码	商品名称	单价	入库量	单位	出库量	库存量
3	6357601	蓉城花生奶	￥2.50	340	瓶	140	200
4	6357602	长生鲜牛奶	￥2.20	410	袋	110	300
5	6357603	天华奶粉	￥24.00	180	袋	80	100
6	6357604	维达饼干	￥3.50	300	盒	140	160
7	6357605	魔术毛巾	￥1.50	120	个	40	80
8	6357606	小熊餐巾纸	￥4.00	100	盒	40	60

图3-88　复制公式

（4）选中G3:G8单元格。

（5）单击"开始"→"条件格式"→"突出显示单元格规则"→"小于"命令，弹出"小于"对话框。在文本框中输入"100"，"自定义格式为"加粗""红色"，填充"背景色"为绿色，单击"确定"按钮。"条件格式"对话框设置后，如图3-89所示。

图3-89　"条件格式"对话框

（6）单击"确定"按钮，关闭对话框，即可为选中的单元格设置条件格式。数量<100，则以绿底红字加粗的方式显示，以表示强调或提示，如图3-90所示。

	A	B	C	D	E	F	G
1			喜爱来超市库存明细				
2	商品编码	商品名称	单价	入库量	单位	出库量	库存量
3	6357601	蓉城花生奶	￥2.50	340	瓶	140	200
4	6357602	长生鲜牛奶	￥2.20	410	袋	110	300
5	6357603	天华奶粉	￥24.00	180	袋	80	100
6	6357604	维达饼干	￥3.50	300	盒	140	160
7	6357605	魔术毛巾	￥1.50	120	个	40	80
8	6357606	小熊餐巾纸	￥4.00	100	盒	40	60

图3-90　设置"条件格式"的效果

7.设置工作表的边框及调整行高

（1）选中"A2:G8"单元格区域，设置工作表的外框线为粗线，内框线为细线。

（2）选中第2～8行，设置行高为18，效果如图3-91所示。

图 3-91　设置工作表的边框和行高后的效果

8.插入超市标志

（1）选中任意一个单元格。

（2）单击"插入"→"图片"按钮，弹出"插入图片"对话框。

（3）选中需要插入的图片，单击"插入"按钮，效果如图3-92所示。

图 3-92　插入图片

（4）设置环绕并调整其大小和位置。

知识窗 BANGONG RUANJIAN YINGYONG ZHISHICHUANG

使用函数和填充功能快速计算如图3-93所示学生成绩表的总分和平均分。

①选中"H3"单元格后，单击编辑栏中的"插入函数"按钮"f_x"，弹出如图3-94所示对话框。

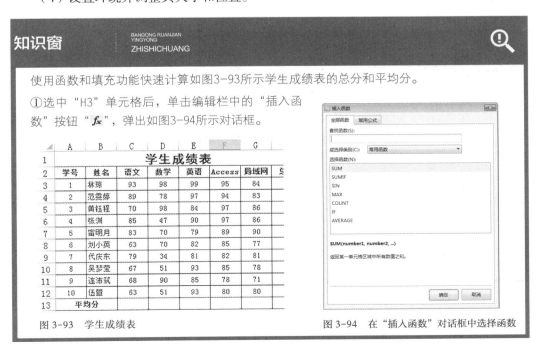

图 3-93　学生成绩表

图 3-94　在"插入函数"对话框中选择函数

②选择求和函数Sum，单击"确定"按钮，弹出如图3-95所示对话框。SUM框中有默认的求和区域，若要更改默认单元格区域"C3:G3"，可单击按钮，重新选择。单击"确定"按钮，效果如图3-96所示。

图 3-95　设置函数参数

图 3-96　H3 单元格的计算结果

③拖动H3中的填充柄至H12，即可得到所有学生的各科成绩总分。

④同样地，使用Average()函数可以计算单科平均分，如图3-97所示。

图 3-97　"总分"及"平均分"的计算结果

友情提示

BANGONG RUANJIAN YINGYONG
YOUQINGTISHI

在单元格中或编辑栏中输入"="后，从编辑栏左侧的函数列表中也可选择所需函数。部分常用函数的功能如表3-1所示。

表3-1　常用函数及功能

函数	功能	函数	功能
Sum()	求和	Count()	统计
Average()	求平均	Max()	求最大值
If()	根据条件取值	Min()	求平均

做一做

BANGONG RUANJIAN YINGYONG
ZUOYIZUO

（1）在单元格中分别输入"=Sum(C3:G3)""=C3+D3+E3+F3+G3""=Sum(C3,D3,E3,F3,G3)"后单击回车键确认。

（2）在编辑栏中分别输入"=Sum(C3:G3)""=C3+D3+E3+F3+G3""=Sum(C3,D3,E3,F3,G3)"后单击回车键确认。

观察计算结果判断，"=SUM（B2:D3）"等价于"=B2+＿＿＿＿＿＿＿＿＿+D3"和"=Sum(B2,＿＿＿＿＿＿＿＿＿＿)"。

（3）在学生成绩表中，分别用Max和Min函数求单科最高分、最低分，存入指定的单元格中。

（4）增加一个"等级"列，用If()函数对每位同学按总分进行等级评定，400分及以上为"合格"，400分以下为"不合格"。提示：在I3单元格中输入公式："=If(h3>=400,"合格","不合格")，拖动填充柄即可完成。

▶ **自我测试**

（1）填空题

①将C3单元格的公式"=SUM(A2,B3)–C1"复制到D4单元格，则D4单元格中的公式是＿＿＿＿＿＿＿＿＿＿＿＿。

②D5单元格中有公式"=A5+B4"，删除第3行后，D4单元格中的公式是＿＿＿＿＿。WPS Excel 2021中的公式输入时都是以＿＿＿＿＿开始。

③WPS Excel 2021表格中的列被认为是数据表的＿＿＿＿＿，列标题被认为是数据表的＿＿＿＿＿，表格中的每一行被认为是数据表的＿＿＿＿＿。

④在函数的参数中对单元格的引用仍有四种情况：即绝对引用，＿＿＿＿＿＿＿，＿＿＿＿＿＿＿，＿＿＿＿＿＿＿。

⑤可以使用"插入"→"＿＿＿＿＿＿＿＿＿"组中的按钮，在工作表中插入剪贴画、艺术字等。

（2）选择题

①在某一单元格中显示的内容是"# NUM!"，它表示（　　）。

A.在公式中引用了无效的数据　　　　B.公式的数字有问题

C.在公式中使用了错误的参数　　　　D.使用了错误的名称

②设A1单元格的内容为10，B2单元格的内容为20，在C2单元格中输入"B2–A1"，击回车键后，C2单元格的内容是（　　）。

A.10   B.-10   C.B2-A1   D.######

③WPS Excel 2021工作表的单元格区域A1：C3已输入数值10，若在D1单元格内输入公式"=SUM（A1，C3）"，则D1的显示结果为（　　）。

A.20   B.60   C.30   D.90

④WPS Excel 2021中，函数MAX(3,5,7,5)的值是（　　）。

A.5   B.7   C.3   D.#VALUE!

⑤WPS Excel 2021中，函数Average(3,,5,7,"AAA"，5)的值是（　　）。

A.5   B.4   C.20   D.=VALUE!

⑥WPS Excel 2021中，函数Average(3,5,7，5)的值是（　　）。

A.5   B.4   C.20   D.错误

⑦在工作表（有"工资"字段）中查找工资>1280的记录，其有效方法是（　　）。

A.依次查看各记录"工资"字段的值

B.按Ctrl+A组合键，在弹出的对话框的"工资"栏输入：工资>1280，再单击"确定"按钮

C.在记录单对话框中连续单击"下一条"按钮

D.在记录单对话框中单击"条件"按钮，在"工资"栏输入：工资>1280，再单击"下一条"按钮

⑧用筛选条件"数学>65与总分＞250"对成绩表进行筛选后，在筛选结果是（　　）。

A.数学分>65的记录   B.数学分>65且总分>250的记录

C.总分>250的记录   D.数学分>65或总分＞250的记录

（3）实作题

用WPS Excel 2021制作如图3-98所示长生大酒楼员工工资表，表中的G列"应发小计"，I列为"实发工资"，第21行"小计"内的数据，用公式快速计算得出结果；最后结果按实发工资降序列；在左上角插入"长生大酒楼标志"；利用"条件格式"对话框给"实发工资"在2000元以上的单元格加上黄色底纹。基本数据如图3-99所示。

长 生 大 酒 楼 员 工 工 资 表

2021年12月份　　填表日期:2021年12月31

编 号	姓 名	应 发 工 资 /元				应发小计/元	应扣小计/元	实发工资/元	备 注
		底 薪	效益奖	岗位津贴	加班工资				
8	刘国华	1500	1200	450	200	3350	75	3275	
14	杨少奇	1000	900	360	320	2580	78	2502	
13	文 华	1000	900	360	230	2490	60	2430	
1	陈 平	1000	900	360	230	2490	86	2404	
11	彭媛媛	950	700	340	270	2260	40	2220	
5	李红梅	950	700	340	240	2230	65	2165	
4	蒋 莉	950	700	360	180	2190	50	2140	
7	李小波	950	700	340	150	2140	110	2030	
3	江志泉	950	700	340	120	2110	95	2015	
2	董成国	800	600	300	310	2010	80	1930	
9	刘开志	800	600	300	300	2000	70	1930	
6	李伟强	800	600	300	300	2000	80	1920	
12	王明素	800	600	300	300	2000	84	1916	
10	毛献成	800	600	300	160	1860	45	1815	
15	周海涛	800	600	300	150	1850	55	1795	
	小 计	14050	11000	5050	3460	33560	1073	32487	

部门经理：　杨少奇　　复核：　刘国华　　出纳：　李小波　　制表人：　江志泉

图 3-98　计算员工工资

长 生 大 酒 楼 员 工 工 资 表

2021年12月份　　填表日期:2021年12月3

编 号	姓 名	应 发 工 资 /元				应发小计/元	应扣小计/元	实发工资/元	备 注
		底 薪	效益奖	岗位津贴	加班工资				
1	陈 平	1000	900	360	230		55		
2	董成国	800	600	300	310		45		
3	江志泉	950	700	340	120		84		
4	蒋 莉	950	700	360	180		80		
5	李红梅	950	700	340	240		80		
6	李伟强	800	600	300	300		70		
7	李小波	950	700	340	150		95		
8	刘国华	1500	1200	450	200		110		
9	刘开志	800	600	300	300		50		
10	毛献成	800	600	300	160		65		
11	彭媛媛	950	700	340	270		40		
12	王明素	800	600	300	300		86		
13	文 华	1000	900	360	230		60		
14	杨少奇	1000	900	360	320		78		
15	周海涛	800	600	300	150		75		
	小 计								

部门经理：　杨少奇　　复核：　刘国华　　出纳：　李小波　　制表人：　江志泉

图 3-99　基本数据

NO.5　　[任务五]

制作库存商品统计图

任务概述

库存商品的情况除可以通过表格来反映外，还可通过图表形式更直观地反映。常见的统计图有柱形、饼形、折线形、条形等多种形式，这些形式反映统计情况更加直观、形象，更便于比较和分析。

利用WPS 2021的图表功能，可以非常方便地制作如图3-100所示的"喜爱来超市库存商品统计图"。

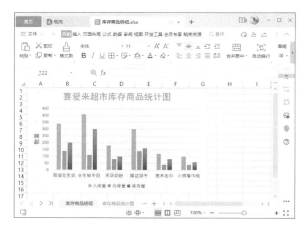

图 3-100 "喜爱来超市库存商品统计图"效果

制作向导

通过对本库存商品统计图进行分析，得出如下制作思路：

（1）打开库存商品工作簿；

（2）选择图表数据源；

（3）插入图表；

（4）修改图表源数据范围；

（5）移动图表位置；

（6）添加图表标题；

（7）添加纵坐标标题；

（8）强调修饰"库存量"数值系列；

（9）修饰整个图表区。

制作步骤

1.打开库存商品工作簿

（1）启动WPS 2021。

（2）单击"文件"→"文件"→"打开"菜单，选择要打开的文件"库存商品明细.xlsx"，单击"确定"按钮。

2.选择图表源数据

（1）单击数据表中需要选取数据区域的任何一个单元格。

（2）按住Ctrl键不放，依次用拖动的方法选中"商品名称""出库量""库存量"含标题在内的3列，如图3-101所示。

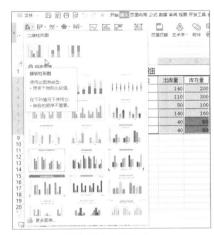

图 3-101　选择图表源数据

3.插入图表

单击"插入"→"全部图表"右侧"柱形图"列表中的"簇状柱形图"，如图3-102所示，图表效果如图3-103所示。

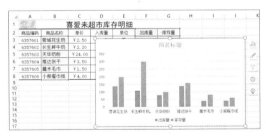

图 3-102　"插入图表"对话框　　　　　　图 3-103　插入图表后的效果

4.修改图表源数据范围

（1）右击图表任意处，在弹出图3-104所示快捷菜单中单击"选择数据"命令，打开"选择数据源"对话框，如图3-105所示。

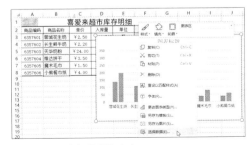

图 3-104　"选择数据"命令　　　　　　图 3-105　选择图表源数据

（2）在图例项（系列）框中单击"添加"按钮，打开如图3-106所示"编辑数据系列"对话框。

（3）分别单击"系列名称"和"系列值"框右侧的按钮，用拖动方法分别选择"入库量"列标题和"入库量"列中数据，结果如图3-107所示。单击"确定"按钮后，结果如图3-108所示。

图 3-106　编辑数据系列

图 3-107　选择数据区域

图 3-108　"图例项"添加成功

（4）在"图例项"中选择"入库量"后，再使用按钮 ▲ ，将其移动到"出库量"之前，如图3-109所示。单击"确定"按钮，效果如图3-110所示。

图 3-109　调整位置

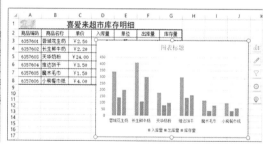

图 3-110　修改数据范围后的图表

做一做 BANGONG RUANJIAN YINGYONG ZUOYIZUO

在该工作表中插入一个空"三维簇状柱形图"表，然后用以上方法，添加再添加图表数据。

5.移动图表位置

（1）新建一个工作表，命名为"库存商品统计图"。

（2）选择图表后，将图表移动到新工作表中，如图3-111所示。

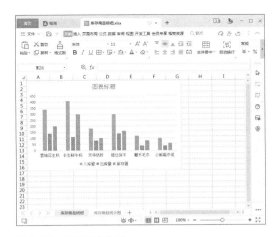

图 3-111　移动图表位置

6.添加图表标题

（1）选中图表，单击"图表工具"→"图表区"列表中的"图表标题"列表的"图表标题"命令，如图3-112所示。

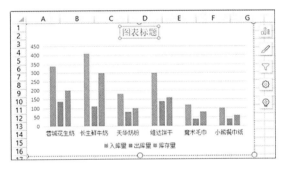

图 3-112　添加图表标题

（2）选中标题文字将其修改为"喜爱来超市库存商品统计图"。

（3）设置为"黑体""常规""18"，"颜色"为绿色，效果如图3-113所示。

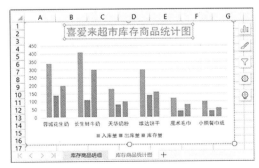

图 3-113　设置标题格式后的效果

7.添加纵坐标标题

（1）选中图表，单击"图表工具"→"标签"组中"坐标轴标题"→"主要纵坐标标题"→"旋转过的标题"命令，效果如图3-114所示。

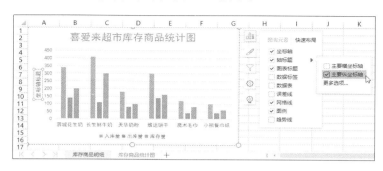

图 3-114   添加轴坐标

（2）选中标题文字将其修改为"数量"。

（3）设置大小为"12""常规"，效果如图3-115所示。

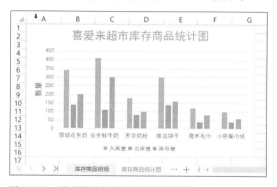

图 3-115   设置纵坐标标题格式后的效果

8.强调修饰"库存量"数值系列

为了便于观察和对比，可以对数值系列进行修饰。在库存商品统计图中，各种商品的现有数量是重点，需要着色进行强调。

（1）选中图表，在"当前所选内容"的列表中选中"系列'库存量'"，"库存量"系列将被激活，处于选中状态，如图3-116所示。

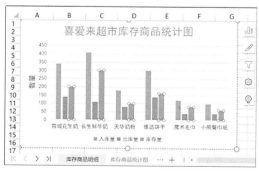

图 3-116   激活"库存量"系列

（2）单击"格式"→"形状样式"组中"形状填充"列表中的颜色板进行填充，选择红色填充后的效果如图3-117所示。

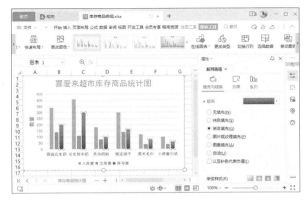

图 3-117　突出显示库存量

（3）利用类似的方法还可以对其他数据系列进行修饰。

9.修饰整个图表区

（1）右击绘图区，在快捷菜单中单击"设置绘图区格式"，打开"属性"面板。

（2）进行如图3-118所示设置后，单击"关闭"按钮，即可完成对图表区的修饰，效果如图3-100所示。

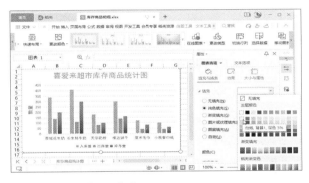

图 3-118　设置绘图区格式

（3）保存并退出WPS 2021。

▶ 自我测试

（1）选择题

①对工作表建立的柱型图表，若删除图表中某数据系列柱型图，（　　　）。

A.则数据表中相应的数据消失

B.则数据表中相应的数据不变

C.若事先选定与被删柱型图相应的数据区域，则该区域数据消失，否则保持不变

D.若事先选定与被删柱型图相应的数据区域，则该区域数据不变，否则将消失

②若要选定区域A1:C4和D3:F6，应（　　　　）。

A.按鼠标左键从A1拖动到C4，然后按鼠标左键从D3拖动到F6

B.按鼠标左键从A1拖动到C4，然后按住Shift键，并按鼠标左键从D3拖动到F6

C.按鼠标左键从A1拖动到C4，然后按住Ctrl键，并接鼠标左键从D3拖动到F6

D.按鼠标左键从工拖动到C4，然后按住Alt键，并按鼠标左键从D3拖动到F6

③在WPS Excel 2021中，有关嵌入式图表，下列表述中错误的是（　　　　）。

A.对生成后的图表进行编辑时，先要激活图表

B.图表生成后不能改变图表类型，如三维变二维

C.表格数据修改后，相应的图表数据也随之变化

D.图表生成后可以向图表中添加新的数据

④在WPS Excel 2021中，有关图表的操作，下列表述中正确的是（　　　　）。

A.创建的图表只能放在含有用于创建图表数据的工作表之中

B.图表建立之后，不允许再向图表中添加数据，若要添加只能重新建立

C.图表建立后，可改变其大小、移动、删除等，但不能改变其类型，如柱形图改为饼形图

D.若要修饰图表，必须先选定图表，将其激活

⑤在WPS Excel 2021中，下列表述中正确的是（　　　　）。

A.要改动图表中的数据，必须重新建立图表

B.图表中数据是可以改动的

C.图表中数据是不能改动的

D.改动图表中的数据是有条件的

（2）实作题

为任务三"自我测试"中的学生生源统计表制作相应的区县人数统计图，效果如图3-119和图3-120所示。

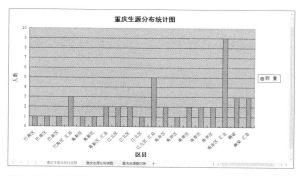

图3-119　柱形图

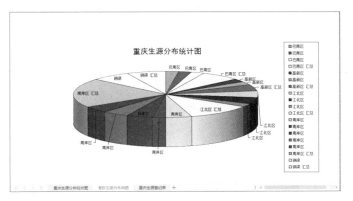

图 3-120　饼图

模块四／制作演示文稿

在经济快速发展的今天，公司宣传、产品展示、营业报告、讨论发布会、业务报告、各种提案等成为了人们日常工作中不可避免的内容。WPS Office PPT是WPS Office的一个组件之一，专用于制作和编辑演示文稿内容。利用它可以制作出具有动画的文档效果，使文本、图片和图表等变得活泼起来，也可以很方便地向公众表达观点、演示成果及传达信息，达到宣传、交流、扩大影响的效果。

本模块以康乐电器集团公司举行20周年庆典为题材，学习利用WPS 2021设计制作相关演示文稿。

通过本模块的学习，应达到的目标如下：

●会创建和保存演示文稿

●能在幻灯片中编辑文本和设置文本格式

●能在幻灯片中使用图形、艺术字、表格、图表、声音等

●会设置幻灯片的动画效果

●会选择合适的放映方式播放幻灯片

●能进行演示文稿的打包和发布

[任务一]

制作庆典活动方案演示文稿

任务概述

庆典活动内容包括活动主题、时间、地点、目标、动机及活动内容。使用WPS PPT 2021软件可以很方便制作庆典方案的演示文稿。

为庆祝成立20周年，树立企业品牌形象，准备举行一次大型庆典活动，为此成立了庆康乐电器集团公司庆典方案策划小组。策划小组制订了周年庆典活动方案，并利用图4-1演示文稿方式在公司干部会议上展示。本任务将详述该演示文稿的制作过程，从而在认识WPS Office PPT的工作界面基础上，学习创建演示文稿，为幻灯片添加文本、添加和删除幻灯片、幻灯片的预览放映及保存等操作。

图4-1 "周年庆典活动方案"效果

制作向导

通过对本演示文稿进行分析，得出如下制作思路：

（1）启动WPS 2021；

（2）设置幻灯片背景，并保存文件；

（3）制作第1张幻灯片；

（4）制作第2张幻灯片；

（5）制作其他幻灯片；

（6）预览并放映幻灯片。

（7）保存并退出WPS 2021。

制作步骤

1.启动WPS 2021，新建空白演示文稿

启动WPS 2021，单击"首页"中的"新建"按钮，在"新建"页面中单击"新建演示"按钮 P 新建演示，选择"新建空白演示"，界面如图4-2所示。

图 4-2　WPS PPT 2021 窗口界面

●选项卡功能区　用于切换各个功能模块，其作用类似于菜单栏。

●工作区　显示和编辑幻灯片，是整个演示文稿的核心。

●"大纲/幻灯片"窗格　显示演示文稿的幻灯片数量及位置，通过它可更方便地掌握演示文稿的结构。

●"备注"窗格　可以在幻灯片中添加说明和注释。

●"视图切换"按钮　用于在"普通视图""幻灯片浏览视图"和"幻灯片放映视图"间切换。

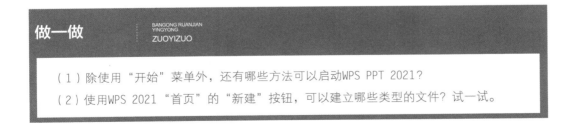

做一做　BANGONG RUANJIAN YINGYONG ZUOYIZUO

（1）除使用"开始"菜单外，还有哪些方法可以启动WPS PPT 2021？

（2）使用WPS 2021"首页"的"新建"按钮，可以建立哪些类型的文件？试一试。

2.设置幻灯片背景，并保存文件

（1）单击"设计"选项卡中的"背景"按钮，在右侧的"对象属性"面板中，选

择填充颜色为"弱绿宝石，着色3，浅色80%"，并单击"全部应用"按钮 全部应用 ，如图4-3所示。

图4-3　设置背景颜色

（2）单击"文件"→"文件"→"保存"命令，或使用快捷键Ctrl+S，弹出"另存为"对话框。

（3）在"保存位置"下拉框中选择保存的文件夹，在"文件名"框中输入"周年庆典活动方案"，单击"保存"按钮，即可保存演示文稿，并返回到编辑状态。

观察"另存为"对话框可知：WPS PPT 2021演示文稿默认扩展名为_____，还可以保存为_____等文件类型。

3.制作第1张幻灯片

在第1张幻灯片中，将标题文本更改为"走进康乐，了解康乐"；副标题文本更改为"康乐电器20周年庆活动策划"。这样第一张幻灯片就制作好了，效果如图4-4所示。

图4-4　第1张幻灯片效果图

◆在提示输入正副标题的文本框中，已经预设了文本的字体、字号。如果不满意模板的设置，可重新设置，操作方法与WPS 2021文字文稿相同。

将第1张幻灯片中正副标题设置成你喜欢的字符格式，看看会有怎样的效果。

4.制作第2张幻灯片

"庆典活动方案"除第1张幻灯片外，还有8张幻灯片，分别介绍了活动的时间、地点、目的和活动内容等。因此还需要继续制作幻灯片。操作如下：

（1）右击"大纲/幻灯片"窗格的空白处，单击快捷菜单中的"新建幻灯片"命令，即可新建一张空白幻灯片，如图4-5所示。

图4-5　新建幻灯片

找出第2张幻灯片与第1张幻灯片的不同之处。

（2）将标题文本更改为"时间规划——WHEN"；正文文本更改为"筹备时间"和"活动时间"。选中正文，单击"开始"→"段落"按钮，在弹出的行距对话框中将

"行距"值改为"2"，如图4-6所示，效果如图4-7所示。

图 4-6　行距设置

图 4-7　"时间规划"效果图

做一做　BANGONG RUANJIAN YINGYONG ZUOYIZUO

WPS演示中项目符号和编号的设置方法与WPS文字相同，为第2张幻灯片的文本设置另一种项目符号。

5.制作其他幻灯片

按照第2张幻灯片制作方法完成第3至第9张幻灯片。单击"视图切换"按钮中"幻灯片浏览视图"按钮，切换到幻灯片浏览视图，如图4-8所示。

6.预览并放映幻灯片

"庆典活动方案"演示文稿中所有幻灯片制作完成后，就可进行幻灯片的预览和放映了。

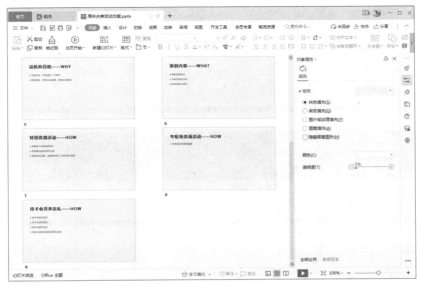

图 4-8　幻灯片浏览视图

（1）切换幻灯片浏览视图，关闭右侧的对象属性面板，预览所有幻灯片的制作效果，如图4-9所示。

图 4-9　幻灯片预览效果图

（2）单击"放映"选项卡中的"从头开始"按钮，或按F5键，便可放映观看。放映过程中按下Esc键，随时可结束放映并返回到WPS PPT的编辑状态。

（3）保存并退出WPS 2021。

友情提示 BANGONG RUANJIAN YINGYONG YOUQINGTISHI

◆ 系统将全屏显示幻灯片首页，单击鼠标将自动放映下一张。播放完最后一张幻灯片后将出现黑屏，再次单击鼠标将结束放映，返回到WPS PPT的编辑状态。

做一做 BANGONG RUANJIAN YINGYONG ZUOYIZUO

试一试，有哪些方法可退出WPS 2021？

知识窗 BANGONG RUANJIAN YINGYONG ZHISHICHUANG

（1）删除幻灯片

方法1　在"大纲/幻灯片"窗格中选中要删除的幻灯片，单击鼠标右键，在弹出的快捷菜单中选择"删除幻灯片"命令，如图4-10所示。

方法2　在"大纲/幻灯片"窗格中选中不需要的幻灯片，按下键盘上的Delete键即可删除。

（2）移动幻灯片

在"大纲/幻灯片"窗格中选中需要移动位置的幻灯片，按住鼠标左键不放将其拖动到适当位置后，释放鼠标。使用这种方法可以重新调整演示文稿中幻灯片的顺序。

图4-10　删除幻灯片

▶ 自我测试

（1）选择题

① WPS PPT 2021是一个（　　）软件。

A.文字处理　　　　B.表格处理　　　　C.图形处理　　　　D.演示文稿制作

②WPS PPT 2021演示文稿保存时的默认扩展名为（　　）。

A.ppsx　　　　　　　B.pptx　　　　　　　C.potx　　　　　　　D.docx

③WPS演示文稿模板文件的扩展名是（　　）。

A.dps　　　　　　　B.txt　　　　　　　C.pptx　　　　　　　D.dpt

④在演示文稿中，要添加一张新的幻灯片，应该单击（　　）中的"新建幻灯片"按钮。

A.开始　　　　　　　B. 插入　　　　　　　C. 设计　　　　　　　D.视图

⑤在幻灯片的放映过程中，随时都可通过按（　　）键终止放映。

A.Esc　　　　　B.Alt+F4　　　　　C.Ctrl+C　　　　　D.Delete

⑥WPS PPT 2021提供的视图方式分别是普通视图、幻灯片浏览视图和（　　）。

A.幻灯片放映视图　　　B.图片视图　　　C.文字视图　　　D.阅读视图

（2）简述题

①删除幻灯片的方法有哪几种?

②如何调整幻灯片的顺序?

（3）实作题

①使用不同视图浏览康乐电器集团公司20周年庆典方案的演示文稿。

②另外选择一种版式，使用康乐电器集团公司20周年庆典方案相同的文本内容制作出一个新的演示文稿。

NO.2

［任务二］

制作新产品展示片

任务概述

康乐电器集团公司在周年庆活动期间将推出新产品。为促进产品的销售及相关服务，公司制作了"新产品展示"幻灯片，对新产品进行介绍，如图4-11所示。本任务将详述该演示文稿的制作过程，从而学习在演示文稿中应用幻灯片版式，设置背景，插入艺术字、文本框和图片，设置自定义动画，幻灯片切换动画，添加超级链接等操作。

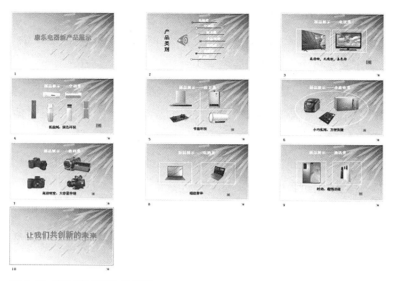

图 4-11 "新产品展示"效果图

制作向导

通过对本展示片进行分析，得出如下制作思路：

（1）制作第1张幻灯片；

（2）制作第2张幻灯片；

（3）制作第3张幻灯片；

（4）制作其他幻灯片；

（5）制作最后一张幻灯片；

（6）设置幻灯片超链接；

（7）预览并放映幻灯片；

（8）保存并关闭演示文稿。

制作步骤

1.制作第1张幻灯片

（1）启动WPS 2021，创建一个名为"演示文稿1"的空白文稿，保存文件为"新产品展示.pptx"，如图4-12所示。

（2）单击"设计"选项卡中的"版式"按钮 版式▾，在列表中选择如图4-13所示版式。效果如图4-14所示。

（3）设置背景。如果模板中没有适合的背景效果，可用WPS PPT的背景设置功能，自行选择背景效果。具体步骤如下：

图 4-12　新建空白演示文稿

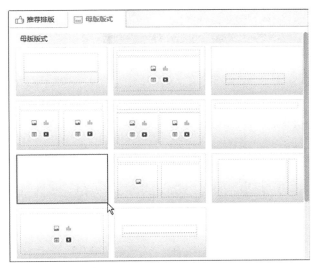

图 4-13　母板版式

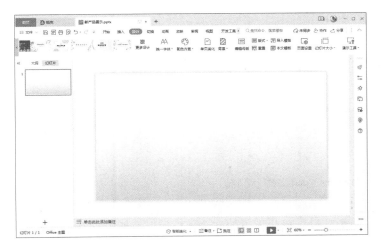

图 4-14　重新选择版式后的效果

①右击幻灯片空白处，在快捷菜单中选择"设置背景格式"命令，打开"对象属性"面板。

②在"对象属性"面板中，选择"图片或纹理填充"单选按钮，在"图片填充"列表中单击"本地文件"，如图4-15所示。

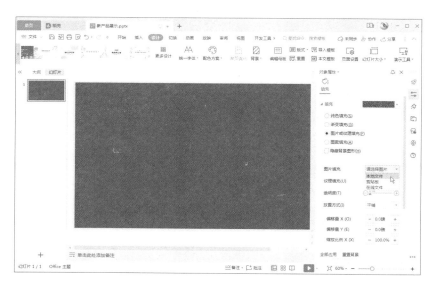

图4-15　设置图片填充

③在弹出的"选择文理"对话框中选取相应的背景图片，单击"打开"按钮，如图4-16所示。

图4-16　"选择文理"对话框

④单击"对象属性"面板下方的"全部应用"按钮 全部应用 ，完成背景设置，效果如图4-17所示。

图 4-17　幻灯片背景效果

友情提示　BANGONG RUANJIAN YINGYONG　YOUQINGTISHI

（1）当剪贴板中有图片时，图片填充列表中将出现"剪贴板"选项，即可将当前剪贴板的图片作为幻灯片的背景，也可以选择在线文件。

（2）在"对象属性"面板中选择"全部应用"按钮，是将所有幻灯片都设置成统一的背景；默认情况下，则设置当前幻灯片的背景，新添加的幻灯片可另行设置背景。

做一做　BANGONG RUANJIAN YINGYONG　ZUOYIZUO

将幻灯片的背景分别设置渐变填充、纹理填充、图案填充，并观察各种设置的效果。

（4）插入艺术字标题"康乐电器新产品展示"。

①选择图4-18所示预设样式的艺术字，输入文字"康乐电器新产品展示"，字体设置成黑体，大小为60。

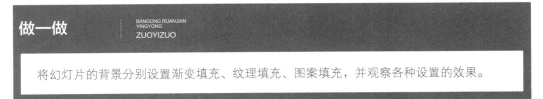

图 4-18　艺术字预设样式

②选中艺术字，单击"文本工具"→"文本填充"中的"文本填充"按钮 A 文本填充▾，将字体颜色填充为红色。

③选中艺术字，单击"文本工具"→"文本效果"下拉列表，选择"阴影"→"透

视"→"右下角透视"效果。选择"发光"→"发光变体"→"橙色，11pt发光，着色4"。

④调整标题的大小及位置，最后效果如图4-19所示。

图4-19　封面效果

2.制作第2张幻灯片

（1）单击"开始"→"新建幻灯片"按钮，插入一张新幻灯片。由于背景设置选择的是全部应用，所以新幻灯片的背景与第1张幻灯片相同。

（2）插入文本框，并输入"产品类别"，设置为"黑体""加粗""48"，如图4-20所示。

图4-20　"产品类别"效果图

（3）插入装饰图片。

①单击"插入"→"图片"按钮，在"插入图片"对话框中选择装饰图片，单击"打开"按钮，如图4-21所示。

图4-21　插入装饰图片

②调整图片大小及位置，效果如图4-22所示。

图 4-22　插入图片后的效果

（4）绘制图形。

①单击"插入"→"形状"按钮，在形状列表中选择"椭圆"，按下Shift键，绘制一个圆形，内部填充成红色。

②使用同样的方法在圆形的右侧绘制一根直线，设置为"强调线，深色1"，如图4-23所示。

图 4-23　"绘制图形"效果图

③按下Shift键同时选中这两个图形，单击鼠标右键，选择快捷菜单中的"组合"命令，将这两个图形进行组合。

④在组合图形的上方插入横向文本框，输入文本"电视类"，设置为"黄色""32""加粗"，文本框的阴影颜色为红色，如图4-24所示。设置完成后效果如图4-25所示。

图 4-24　设置形状格式　　　　　图 4-25　"电视类"分类项

⑤重复上述操作步骤，依次制作"空调类""厨卫类""小家电类""数码类""电脑类""通讯类"等分类项，并调整大小和位置，最后效果如图4-26所示。

图 4-26　"产品类别"效果图

做一做　BANGONG RUANJIAN YINGYONG ZUOYIZUO

根据分类项"电视类"，使用复制后再修改的方法快速制作其余各个分类对象。

3.制作第3张幻灯片

（1）插入新幻灯片，在幻灯片版式窗格中，选择"标题和两项内容"版式，如图4-27所示。

图 4-27　应用"标题和两项内容"版式

（2）在添加标题框中输入"新品展示——电视类"，设置"居中"。

（3）插入图片。单击占位符中的"插入图片"按钮 ，打开"插入图片"对话框，选择需要插入的图片后，单击"打开"按钮即可，如图4-28所示。

图 4-28　"插入图片"对话框

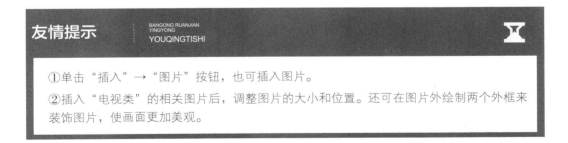

①单击"插入"→"图片"按钮，也可插入图片。

②插入"电视类"的相关图片后，调整图片的大小和位置。还可在图片外绘制两个外框来装饰图片，使画面更加美观。

（4）插入文本框。在幻灯片底部插入横向文本框，并输入说明文字"高清晰，无残影，真色彩"，效果如图4-29所示。

图 4-29 "电视类"展示效果

做一做 BANGONG RUANJIAN YINGYONG ZUOYIZUO

讨论插入文本框有哪几种方法？

（5）设置自定义动画。

为使放映画面更加生动活泼和富有感染力，还可为幻灯片的各个对象添加动画效果。

①选中标题，单击"动画"选项卡中的"形状"按钮，如图4-30所示。计时设置如图4-31所示。

图 4-30 自定义动画

图 4-31 自定义动画"计时设置"

友情提示 BANGONG RUANJIAN YINGYONG YOUQINGTISHI

为对象添加动画效果后，可分别设置"开始""持续时间""延迟"，如图4-31所示。在"开始"下拉列表中选择"单击时"选项，表示单击鼠标后开始放映该动画；选择"与上一动画同时"选项，表示设置动画效果将与前一个动画一起放映；选择"上一动画之后"选项，表示设置的动画效果将紧接着前一个动画放映。

②选中左侧外框，单击"动画"选项卡中的"擦除"按钮。开始：上一动画之后；持续时间：00:50；延迟：00:00。

③选中左侧图片，单击"动画"选项卡中的"轮子"按钮。开始：上一动画之后；持续时间：01:00；延迟：00:00。

④选中右侧外框，单击"动画"选项卡中的"擦除"按钮。开始：上一动画之后；持续时间：00:50；延迟：00:00。

⑤选中右侧图片，单击"动画"选项卡中的"轮子"按钮。开始：上一动画之后；持续时间：01:00；延迟：00:00。

⑥选中文本"高清晰，无残影，真色彩"，单击"动画"选项卡中的"飞入"按钮。开始：上一动画之后；持续时间：00:50；延迟：00:00。

⑦单击"播放"按钮预览动画效果。

想一想 BANGONG RUANJIAN YINGYONG XIANGYIXIANG

（1）如何为幻灯片中的一个对象设置多个动画效果。

（2）如果两个对象需要设置相同的动画效果，有什么快捷方法？请用"动画"选项卡中的"动画刷" 动画刷 试一试。若删除动画，应如何操作？

4.制作其他幻灯片

参照第3张幻灯片的制作方法，依次制作第4至第9张幻灯片。

5.制作最后一张幻灯片

第10张幻灯片也是最后一张幻灯片，一般展示的是整个演示文稿的结束语。

（1）插入预设样式的艺术字 A，字体设置为"黑体""加粗""54"，文本填充为"红色"。

（2）输入结束语"让我们共创新的未来"。

（3）在"文本工具"选项卡的"文本效果"中，选择"转换"→"弯曲"→"山形"，倒影为"紧密倒影，接触"。

（4）调整艺术字的大小及位置，最后效果如图4-32所示。

6.设置幻灯片超链接

为使观看者能直接浏览某一类产品，可把第2张幻灯片作为目录页，将各产品类别超级链接到相应的幻灯片上。设置超级链接按以下方法实现。

图 4-32　第 10 张幻灯片效果图

方法1

（1）选中文本"电视类"，选择"插入"→"超链接"按钮 超链接 ✓ 。

（2）在弹出的"插入超链接"对话框中选择"本文档中的位置"选项，并在其右侧窗口中选中"新品展示——电视类"幻灯片，单击"确定"按钮即可，如图4-33所示。

方法2

（1）选中文本"电视类"，单击鼠标右键，选择"超链接"命令，同样可弹出图4-33对话框。

（2）在弹出的对话框中选择需要链接到的幻灯片即可。

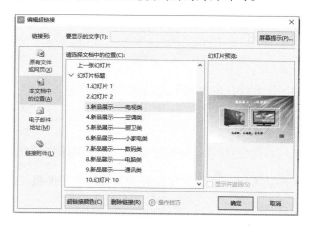

图 4-33　"插入超链接"对话框

放映时，单击第2张幻灯片中的文本"电视类"就可直接跳转到"新品展示——电视类"幻灯片。能跳转就必须能返回，因此在"新品展示——电视类"幻灯片上还需设置一个"返回"按钮。

①单击"插入"→"形状"，选中"后退或前一项"动作按钮 ◀ ，如图4-34所示。

②在幻灯片适当的位置绘制该按钮，并弹出如图4-35所示"动作设置"对话框。

③选择"超链接到"→"幻灯片…"选项，将其超链接到"幻灯片2"，如图4-36所示。设置完成后单击"确定"按钮，最后效果如图4-37所示。

图 4-34 插入"动作按钮"　　　　图 4-35 "动作设置"对话框

图 4-36 "超链接"到幻灯片　　　　图 4-37 "返回"按钮效果图

7.预览并放映幻灯片

单击"幻灯片放映"→"开始放映幻灯片"组中的按钮放映幻灯片，或按F5键，放映所有幻灯片。

做一做　BANGONG RUANJIAN YINGYONG　ZUOYIZUO

设置演示文稿的其他超级链接。提示："新品展示——通讯类"幻灯片上的动作按钮是超链接到最后一张幻灯片。

想一想　BANGONG RUANJIAN YINGYONG　XIANGYIXIANG

能否不使用系统默认的动作按钮，而插入其他漂亮美观的按钮？使用文本框可以完成吗？

8.保存并关闭演示文稿

观看完整个作品后，将演示文稿保存到指定的位置并退出WPS PPT。

知识窗
BANGONG RUANJIAN YINGYONG
ZHISHICHUANG

（1）为一个对象设置多个动画

①选中需要设置动画的对象，在"自定义动画"任务窗格为其设置一个动画效果。

②保持对象的选中状态，再继续在"自定义动画"任务窗格中设置下一个动画效果，直到满足需要为止。

（2）删除不需要的动画

①选中需要删除动画效果的对象。

②在"自定义动画"任务窗格中选择需要删除的动画效果，单击"删除"按钮即可。

（3）设置幻灯片之间动画切换效果

为使整个演示文稿的动画效果更加丰富多彩，在WPS PPT中还可以为各幻灯片之间设置动画切换效果。其设置步骤如下：单击"切换"→"抽出"按钮，再将"效果选项"设置为"从右"，如图4-38所示。

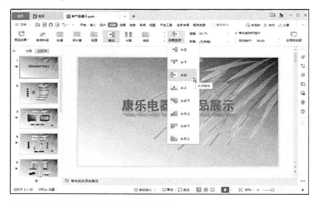

图4-38 设置幻灯片"切换"效果

做一做
BANGONG RUANJIAN YINGYONG
ZUOYIZUO

另选一张幻灯片，将"换片方式"设置为每隔5秒切换到下一张幻灯片。

友情提示
BANGONG RUANJIAN YINGYONG
YOUQINGTISHI

在图4-38所示对话框中，单击"全部应用"按钮，可将切换动画应用于整个演示文稿中的所有幻灯片。

▶ 自我测试

（1）选择题

①在WPS PPT 2021中打开了一个演示文稿，对文稿做了修改，执行"关闭"操作时，（　　）。

A.文稿被关闭，并自动保存修改后的内容

B.文稿不能关闭，并提示出错

C.文稿被关闭，修改后的内容不能保存

D.弹出对话框，并询问是否保存对文稿的修改

②幻灯片的背景颜色是可以设置的，我们可以通过快捷菜单中的（　　）命令。

A.设置背景格式　　　　B.颜色　　　　C.动画设置　　　　　D.标尺

③为幻灯片中的文字或图片添加动画效果，应用使用的选项卡是（　　）。

A.开始　　　　　　　　B.插入　　　　C.切换　　　　　　　D.动画

④在幻灯片放映时，每一张幻灯片切换时都可以设置切换效果，方法是选择（　　）选项卡进行设置。

A.开始　　　　　　　　B.设计　　　　C.视图　　　　　　　D.切换

⑤在WPS PPT 2021的"切换"选项卡中，允许的设置是（　　）。

A.设置幻灯片切换时的视觉效果和听觉效果

B.只能设置幻灯片切换时的听觉效果

C.只能设置幻灯片切换时的视觉效果

D.只能设置幻灯片切换时的定时效果

⑥同一个对象（　　）设置多种动画效果。

A.不可以　　　　　　　B.可以

（2）思考题

①打开"对象属性"面板的方法有哪几种？

②在幻灯片中插入图片的方法有哪几种？

③如何为幻灯片中的一个对象设置多个动画效果？

（3）实作题

①创建一页新的幻灯片1，选取"空白"版式。插入文本框，添加标题"计算机应用第一课"，标题字体颜色为"红色"，字形加粗。

②在幻灯片1后插入一页新的空白幻灯片2，插入标题"计算机应用领域"；添加项目1"计算机发展史"，项目2"计算机应用领域"，设置动画效果为"打字机"。

③插入一幅计算机相关图片。

④设置幻灯片的切换方式为"水平百叶窗"，切换速度为中速。

［任务三］
制作公司宣传片

任务概述

使用WPS PPT 2021还能很方便地制作公司宣传片，公司宣传片的内容包括企业基本组织情况、企业经营情况、企业售后服务平台建设情况及企业未来规划等。

康乐电器集团公司在周年庆活动期间，为了向供应商、公司员工及部分会员展示近年来公司的运营及管理情况，制作了如图4-39所示的公司宣传片。本任务将详述其制作过程，从而学习设置母版，插入图示、表格及图表，插入多媒体对象，打包演示文稿等操作。

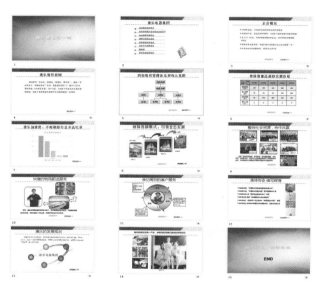

图4-39 "公司宣传片"效果图

制作向导

通过对本宣传片进行分析，得出如下制作思路：

（1）制作母版；

（2）制作第1张幻灯片；

（3）制作第2张幻灯片；

（4）制作第3张至第4张幻灯片；

（5）制作第5张至第7张幻灯片；

（6）制作其他幻灯片；

（7）制作最后一张幻灯片；

（8）设置幻灯片超链接；

（9）预览并放映幻灯片；

（10）保存并关闭演示文稿。

制作步骤

1.制作母版

幻灯片母版是由用户自行设置模板，它主要用于演示文稿中统一的背景、标志、文字格式等。母版设置后，即可在母版基础上快速制作多张相同格式的幻灯片。

（1）建立幻灯片母版

①启动WPS PPT 2021，新建一个空演示文稿。

②单击"视图"→"幻灯片母版"按钮，进入"幻灯片母版视图"状态，如图4-40所示。

图 4-40　幻灯片母版视图

③选择第1张幻灯片，单击"单击此处编辑母版标题样式"文本，设置字体"宋体"，字号"44""居中"。

④单击"单击此处编辑母版文本样式"文本，设置字体"宋体"，字号"22"。

⑤选择"单击此处编辑母版文本样式"文本，单击"开始"→"插入项目符号"按钮，在下拉列表中选择如图4-41所示预设项目符号。

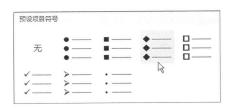

图 4-41　设置"预设项目符号"

⑥单击"幻灯片片母板"→"背景"按钮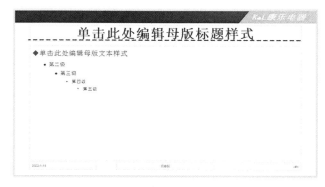背景，打开"对象属性"面板，选择需要的背景图片，设置完成后，效果如图4-42所示。

图 4-42　背景设置效果图

友情提示　BANGONG RUANJIAN YINGYONG　YOUQINGTISHI

本演示文稿中未涉及第2级及以后的文本样式设置，因此删除第2级及以后的级数即可。如果有第2级及以后的文本样式设置，方法同上。

对于不需要的占位符，可以删除。本例中图4-42所示的"日期区""页脚区""数字区"等占位符均可删除。

（2）建立标题母版

建立好"幻灯片母版"后，还需要"建立标题母版"。演示文稿中的第1张幻灯片通常使用"标题母版"版式。

①选择第2张幻灯片。

②删除所有的占位符。

③单击"幻灯片母板"→"背景"按钮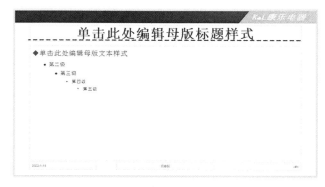背景，选择已经准备好的图片，设置完成后效果如图4-43所示。

图 4-43　标题母版最终效果图

④单击"文件"→"另存为"，选择文件类型：WPS演示模板文件(*.dpt)，文件名为"公司宣传页"，如图4-44所示。这时幻灯片母版制作完成。

图4-44　保存母版

做一做 BANGONG RUANJIAN YINGYONG ZUOYIZUO

根据上述步骤，另外设计一个母版效果。

2.制作第1张幻灯片

制作好幻灯片的模板后，就可以应用标题母版制作第1张幻灯片。

（1）单击"文件"→"打开"，在"打开文件"对话框中，选择"文件类型"（其中包含*.dps），如图4-45所示。

图4-45　"打开文件"对话框

（2）单击"文件"→"另存为"，在弹出的"另存为"对话框中，选择"文件类型*.pptx"，输入文件名"康乐辉煌二十年"，单击"保存"按钮，如图4-46所示。切换到普通视图，删除占位符，效果如图4-47所示。

图 4-46　将母板保存为幻灯片

图 4-47　切换到普通视图的效果

（3）插入艺术字标题"康乐辉煌二十年"（艺术字设置为"黑体""加粗""60""黄色"），形状效果为"三维旋转"→"宽松透视"，如图4—48所示，封面效果如图4—49所示。

图 4-48　设置形状效果

图 4-49　封面效果图

3.制作第2张幻灯片

应用幻灯片母版制作第2张幻灯片的内容。

（1）单击"开始"→"新建幻灯片"按钮 ，在下拉列表中选择图4-50所示版式。添加一张新幻灯片，则自动出现已设置好的"幻灯片母版"版式，如图4-51所示。

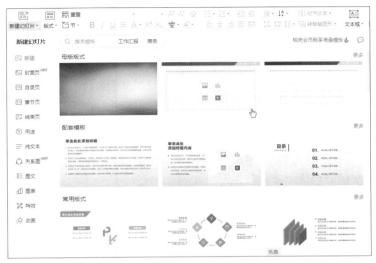

图 4-50　选择幻灯片母板

图 4-51　"幻灯片母版"版式

（2）在标题占位符中输入文本"康乐电器集团"。

（3）删除标题下方的文本占位符，在该位置从上至下依次插入8个横向文本框，分别输入"企业基本概况概述……康乐电器未来规划"等相关内容。

（4）绘制出圆形及直线并进行组合（仿照任务二中的制作第2张幻灯片中的相关操作）。

（5）在幻灯片的右下角插入自制的徽标图片。

（6）调整文本及图形的大小和位置，最后效果如图4-52所示。

图 4-52　第 2 张幻灯片效果图

4.制作第3张至第4张幻灯片

（1）添加一张新幻灯片，在标题占位符中输入文本"企业概况"。

（2）在文本占位符中输入"1988年创办，中国家电连锁零售企业的领先者……"相关内容，设置字体颜色为"蓝色"。

（3）选择文本占位符，在"动画"选项卡中，选择"进入"→"百叶窗"效果，如图4-53所示。

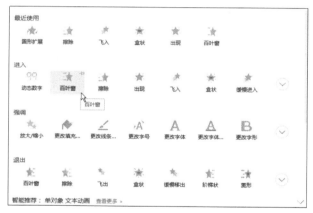

图 4-53　添加百叶窗动画

（4）为文本设置计时效果，如图4-54所示。

图 4-54　设置计时效果

（5）在幻灯片右下角处新插入一个文本框，输入文本"企业概况>>>"，作为该幻灯片的标签名，最后效果如图4-55所示。

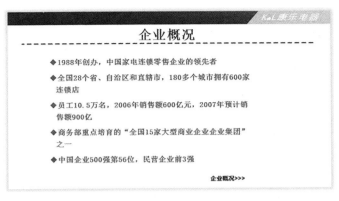

图 4-55　第 3 张幻灯片效果图

做一做 BANGONG RUANJIAN YINGYONG ZUOYIZUO

仿照上述的相关操作，制作出第4张幻灯片，效果如图4-56所示，文本动画：轮子；开始：与上一动画同时；持续时间：01:00秒；延迟：00:.00秒。

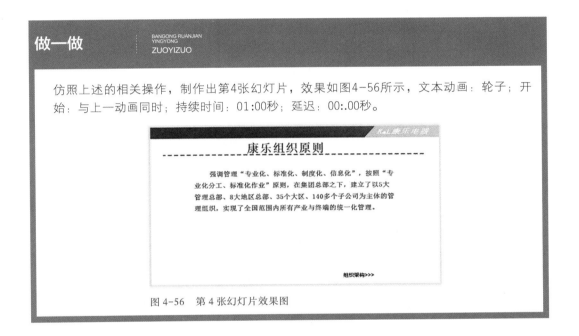

图 4-56　第 4 张幻灯片效果图

5.制作第5张幻灯片

（1）添加一张新幻灯片，在标题占位符中输入文本"四级组织管理体系架构示意图"。

（2）绘制组织结构图。

①单击"插入"选项卡中的"形状"按钮，绘制矩形框，选择样如图4-57所示。添加文字，设置为"宋体""22""加粗"。绘制一根竖线，设置为"2.25磅""高1厘米"，效果如图4-58所示。

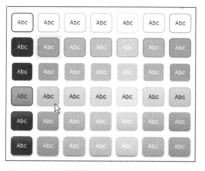

图 4-57　形状样式

图 4-58　绘制组织结构图

②用同样方法绘制其他图形，设置属性，并输入文字，效果如图4-59所示。

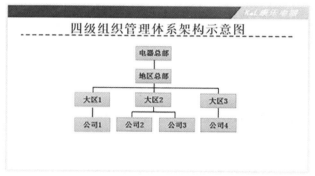

图 4-59　组织结构图

③选中所绘制的矩形和线条，使用快捷菜单进行组合。

（3）为图示设置自定义动画：圆形扩散；开始：与上一动画同时；持续时间：00:25秒。

（4）在幻灯片右下角处新插入一个文本框，输入文本"组织架构"，如图4-60所示。

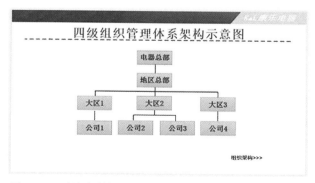

图 4-60　四级组织结构效果图

做一做　BANGONG RUANJIAN YINGYONG ZUOYIZUO

谈谈插入图示的方法有哪几种？

6.制作第6张幻灯片

（1）添加一张新幻灯片，在标题占位符中输入文本"持续稳健高速的发展历程"。

（2）在文本占位符处插入表格。

①单击"插入"→"表格"下拉列表中的"插入表格"命令，将表格设置成6列×5行，如图4-61所示。

②表格插入到幻灯片中后，在各单元格中输入"2003年，……，2007年"康乐电器集团公司发展规模的相关内容。

③仿照WPS 文字文稿中编辑表格的操作方法，利用弹出的"表格和边框"工具栏上的按钮编辑表格。

（3）在幻灯片右下角处新插入一个文本框，输入文本"经营效益"，作为该幻灯片的标签名，最后效果如图4-62所示。

图4-61　"插入表格"对话框

图 4-62　第 6 张幻灯片效果图

（4）为表格设置自定义动画：劈裂效果；开始：与上一动画同时；持续时间：00:50秒。

7.制作第7张幻灯片

（1）添加一张新幻灯片，在标题占位符中输入文本"康乐加速度，不断刷新行业开店纪录"。

（2）在文本占位符中输入文本"开业周期天数对比"（字体"楷体"，字号"24"，颜色"蓝色"），并在其下方插入图表。

①单击"插入"→"图表"，选择"簇状柱形图"，结果如图4-63所示。删除"图标标题"文本，右击图表，编辑数据，弹出如图4-64所示窗口。

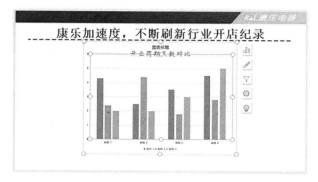

图 4-63　插入"簇状柱形图"

图 4-64　编辑数据表

②选中第2、3、4行，右击选区，删除多余的数据项，如图4-65所示。

③如图4-65所示，将"系列1，系列2……"依次修改为"2003年、2007年……"；在第1行依次输入"开店周期（天）"的相关数据"20，15，6，2，2"，则完成图表的设定，最后效果如图4-66所示。编辑数据源，如图4-67所示。单击"确定"按钮，最终效果如图4-68所示。

图 4-65　删除多余的数据项

⊿	A	B	C	D	E	F
1	时间	2003年	2004年	2005年	2006年	2007年
2	开店周期（天）	20	15	6	2	2
3						

图 4-66　修改数据项名称和数据

图 4-67　编辑数据源

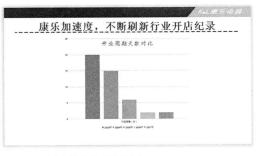

图 4-68　图表设定完成效果图

（3）在幻灯片右下角处新插入一个文本框，输入文本"连锁速度"，作为该幻灯片的标签名，效果如图4-69所示。

（4）为图表设置自定义动画：浮入；开始：与上一动画同时；持续时间：01:00秒，即完成了第7张幻灯片的制作。

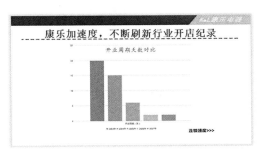

图 4-69　第 7 张幻灯片效果图

做一做
BANGONG RUANJIAN
YINGYONG
ZUOYIZUO

将第7张幻灯片中的图表设置成另外的"图表类型"。

8.制作其他幻灯片

用已掌握的幻灯片的制作方法，依次完成第8张至第15张幻灯片的制作。

9.制作最后一张幻灯片

第16张幻灯片也是最后一张幻灯片，展示的是整个演示文稿的结束语。

（1）插入艺术字标题"把握现在，共创未来"（艺术字设置：第5行第3列），形状效果为"三维旋转"→"宽松透视"。

（2）字体设置为"黑体""加粗"，字号"60"。

（3）设置自定义动画：缩放效果；开始：与上一动画同时；持续时间：00:50秒。

（4）适当调整大小及位置。

（5）插入文本"END"，字体"Arial Rounded MT Bold"；字号"48"。

（6）设置自定义动画：缩放效果；开始：上一动画之后；持续时间：00:50秒。最后效果如图4-70所示。

图4-70　最后一张幻灯片

10.设置幻灯片超链接

仿照任务二中设置幻灯片超链接的操作方法及步骤，以第2张幻灯片作为目录页，与后续的各张幻灯片建立相应的超链接。

11.预览并放映幻灯片

在前两个任务中均是手动放映，这次制作的宣传片要实现自动循环播放，因此需要进行相应的放映设置。

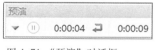

图4-71　"预演"对话框

（1）单击"放映"→"排练计时"按钮，进入"排练计时"状态。此时单张幻灯片放映所耗用的时间和整个文稿放映所耗用的总时间显示在"录制"对话框中，如图4-71所示。

（2）手动播放一遍幻灯片，利用"录制"对话框中的"暂停"和"重复"等按钮控制排练计时过程，以获得最佳的播放时间。播放结束后，保存计时结果即可。

（3）在"放映"选项卡"放映设置"下拉列表中选择"放映设置"，打开"设置放映方式"对话框，如图4-72所示，选择"循环放映，按Esc键终止"和"如果存在排练时间，则使用它"两个选项。设置完成后，幻灯片就可自动循环播放了。

做一做　BANGONG RUANJIAN YINGYONG ZUOYIZUO

选择"设置放映方式"对话框中的其他选项，观察放映效果。

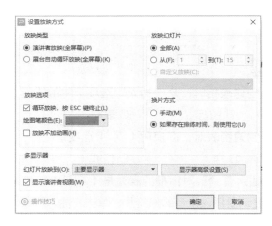

图 4-72 "设置放映方式"对话框

12.保存并关闭演示文稿

观看完整个作品后，将演示文稿保存到指定的位置并退出WPS PPT 2021。

知识窗 BANGONG RUANJIAN YINGYONG ZHISHICHUANG

插入多媒体对象

幻灯片在自动循环播放过程，如果有背景音乐伴奏，或者有相应的解说词，效果将更完美。设置方法如下：

（1）选择"插入"→"音频"下拉框中"嵌入音频"命令，在弹出的窗口中选择需要的声音文件，单击"确定"按钮后，这时在幻灯片上会出现一个小喇叭 ◀，表示成功插入了声音文件。幻灯片播放时，单击该图标就可以播放。

（2）选中该图标，可以进行详细的播放设置，如图4-73所示。

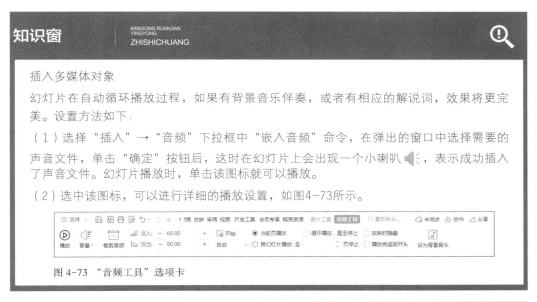

图 4-73 "音频工具"选项卡

友情提示 BANGONG RUANJIAN YINGYONG YOUQINGTISHI

在幻灯片中除了可以直接插入已有的声音文件，还可使用"放映"→"屏幕录制"命令为幻灯片制作解说词，在幻灯片放映时一同播放。

做一做 BANGONG RUANJIAN YINGYONG ZUOYIZUO

·仿照上述的操作，在幻灯片上插入视频和Flash动画。

► 自我测试

（1）选择题

①WPS PPT中，创建表格时，从"插入"选项卡中的（ ）列表。

A.音频　　　　　　　B.图标　　　　　　　C.表格　　　　　　　D.形状

②WPS PPT中，创建图表时，应使用（ ）选项卡。

A.视图　　　　　　　B.插入　　　　　　　C.格式　　　　　　　D.切换

③下列能弹出"插入音频"对话框的表述是（ ）。

A.在普通视图，显示要插入声音的幻灯片，单击"插入"→"音频"→"嵌入音频"

B.在幻灯片视图中，显示要插入声音的幻灯片，单击"插入"→"音频"→"链接到音频"

C.单击"插入"→"音频"→"链接到背景音乐"

D.以上答案都不对

④下列关于在幻灯片中插入图表的说法，错误的是（ ）。

A.可以直接通过复制和粘贴的方式将图表插入到幻灯片中

B.对不含图表占位符的幻灯片可以插入新图表

C.只能通过插入包含图表的新幻灯片来插入图表

D.双击图表占位符可以插入图表

⑤下列不属于演示文稿放映方式的是（ ）。

A.演讲者放映(全屏幕)　　　　　　　B.手动放映

C.展台自动循环放映(全屏幕)　　　　D.定时浏览（全屏幕）

（2）思考题

①插入图示、表格及图表的方法分别有哪几种？

②如何将幻灯片设置成非全屏幕状态放映？

③在幻灯片上设置超链接的方法分别有哪几种？

（3）实作题

利用给出的素材，制作如图4-74所示的"文具用品调查报告"幻灯片。

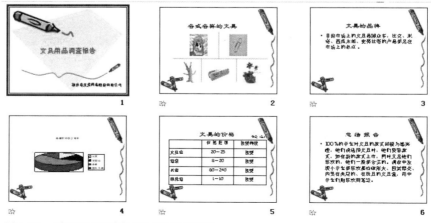

图4-74　"文具用品调查报告"幻灯片效果图